职业教育"双高建设"规

道路与桥梁工程技术专业群校企合作一体化教材

结构力学

主　编　马　乐　赵丽军　李　宁

副主编　张明星　桑海军　车　媛

于可鑫　曹英浩　徐　刚

本书立体化资源

黄河水利出版社

·郑州·

内 容 提 要

本书为职业教育“双高建设”规划教材，道路与桥梁工程技术专业群校企合作一体化教材，采用项目-任务形式编写。全书共有六个项目，主要内容包括：结构力学简介、平面体系的几何组成、静定平面结构内力计算、静力法绘制影响线、静定结构位移计算、力法等。

本书可作为高职高专土木工程各专业的教材，也适用于建筑工程、水利水电、防灾减灾与防护等专业教学使用，也可供土建工程技术人员及其他相关专业人员参考。

图书在版编目(CIP)数据

结构力学/马乐，赵丽军，李宁主编. —郑州：黄河水利出版社，2024. 2

ISBN 978-7-5509-3636-2

Ⅰ. ①结… Ⅱ. ①马… ②赵…③李… Ⅲ. ①结构力学-高等职业教育-教材 Ⅳ. ①O342

中国国家版本馆 CIP 数据核字(2023)第 138873 号

策划编辑：贾会珍　电话：0371-66028027　E-mail：110885539@qq. com

责任编辑　郭　琼　　责任校对　郑佩佩
封面设计　黄瑞宁　　责任监制　常红昕
出版发行　黄河水利出版社
地址：河南省郑州市顺河路 49 号　邮政编码：450003
网址：www. yrcp. com　E-mail：hhslcbs@126. com
发行部电话：0371-66020550
承印单位　河南承创印务有限公司
开　　本　787 mm×1 092 mm　1/16
印　　张　9. 25
字　　数　220 千字
版次印次　2024 年 2 月第 1 版　　2024 年 2 月第 1 次印刷

定　　价　30. 00 元

前 言

为了全面贯彻落实党的二十大精神,以习近平新时代中国特色社会主义思想为指导,落实职业教育立德树人根本任务,在深入推进“校企合作,工学结合”人才培养模式的大背景下,作者根据高职高专院校的培养目标、学生的特点及教学院校对结构力学课程教学的要求、企业对人才培养的需要,按照新的课程标准编写了本书。

本书采用采用项目-任务形式编写,全书共有六个项目,主要内容包括:结构力学简介、平面体系的几何组成、静定平面结构内力计算、静力法绘制影响线、静定结构位移计算、力法等。

本书由辽宁省交通高等专科学校马乐、赵丽军、李宁、桑海军、车媛、于可鑫、曹英浩、徐刚及辽宁省交投公路科技养护有限责任公司张明星共同编写。具体编写分工如下:马乐编写项目一;赵丽军编写项目四及习题;李宁编写项目五;张明星编写项目六;桑海军编写项目二;车媛编写项目三中的任务一;于可鑫编写项目三的任务二;曹英浩编写项目三的任务三;徐刚编写项目三的任务四和进行部分插图的绘制工作。本书由马乐、赵丽军、李宁担任主编,张明星、桑海军、车媛、于可鑫、曹英浩、徐刚担任副主编。

本书在编写过程中,得到了辽宁省交通高等专科学校、辽宁省交投公路科技养护有限责任公司的大力支持和帮助,在此一并表示衷心感谢。书中参考和引用了有关文献资料,在此对原作者顺致谢意。

由于编者水平有限,书中不妥之处在所难免,恳请广大读者提出宝贵意见。

作 者

2023 年 7 月

目 录

项目一　结构力学简介

学习目标

【知识目标】

(1)明确结构类型,识别各类工程的实际结构。

(2)掌握结构计算简图的选取原则、简化方法。

(3)掌握将简单的工程实际结构简化成计算简图的方法。

【能力目标】

(1)能够建立结构的计算简图。

(2)能够区分结构的基本类型。

【思政目标】

(1)培养民族共同体意识。

(2)弘扬爱国主义情怀,增强“四个自信”。

(3)促使学生主动学习、合作学习、自主学习。

任务一　结构力学的研究对象及任务

建筑物和工程设施中承受和传递荷载并起骨架作用的物体及体系称为工程结构。房屋中的梁柱体系、水工建筑物中的闸门和水坝、公路和铁路上的桥梁和隧洞等,都是工程结构的典型例子(见图 1-1)。

一、工程结构的分类

结构中的各个组成部分称为构件。工程结构的受力特征和承载能力与结构的几何特性有着密切的联系。从广义上讲,结构可以按其几何特征分为以下三类。

(一)杆系结构

杆系结构由杆件组成。组成结构的杆件的几何特征是横截面尺寸比长度小得多。梁、拱、桁架、刚架是杆系结构的典型形式(见图 1-2)。

(a)上海金茂大厦(右)和国际金融中心(左)

(b)南京长江大桥

(c)长江三峡大坝

图 1-1　工程结构的典型例子

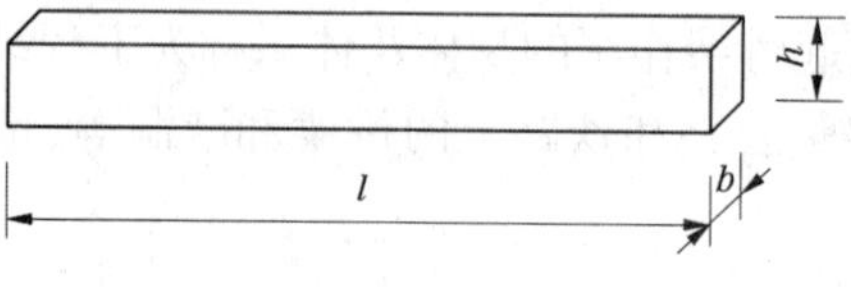

(a)杆件尺寸对比示意图

(b)钢结构梁、柱

图 1-2　杆系结构

(二)板壳结构

板壳结构又称为薄壁结构,它是厚度比长度和宽度小得多的结构。房屋建筑中的楼板、壳体屋盖、飞机和轮船的外壳等均属于板壳结构(见图 1-3)。

(三)实体结构

实体结构是三个方向的尺寸相近的结构。重力式挡土墙和水工建筑物中的重力坝等属于实体结构(见图 1-4)。

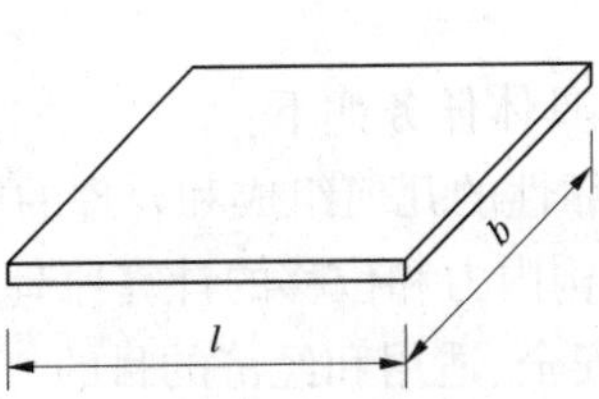

(a)楼板示意图

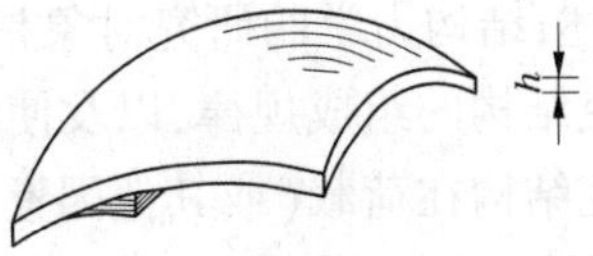

(b)壳体屋盖示意图

(c)悉尼歌剧院

图 1-3　板壳结构

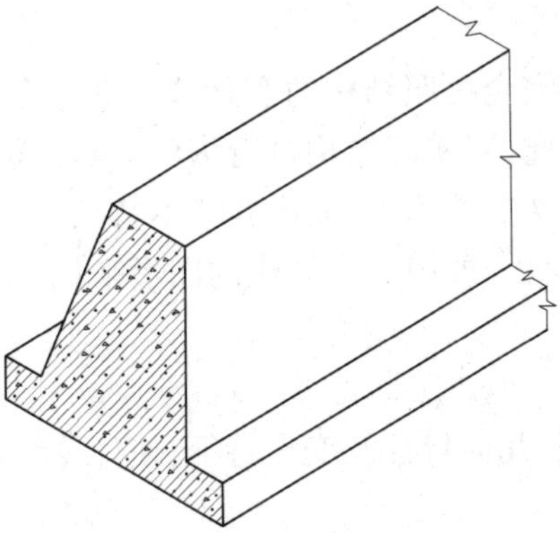

(a)示意图

(b)效果图

图 1-4　实体结构

二、结构力学的研究对象及研究任务

(一) 研究对象

为了使结构既能安全正常地工作，又能符合经济要求，就要对其进行强度、刚度和稳定性计算。这一任务是由材料力学、结构力学、弹性力学等几门课程共同承担的。其中，材料力学以单个杆件为研究对象；结构力学以杆件体系为研究对象；弹性力学以实体结构和薄壁结构为研究对象。当然，这种分工也不是绝对的，各课程间常存在相互渗透的情况。

(二)研究任务

综上所述,结构力学的研究对象是杆件结构。具体任务如下:

(1)研究结构的组成规律,以及使结构具有可靠性的几何组成和合理的组成方式。

(2)研究结构在荷载(或其他因素)作用下,结构内力和位移的计算原理与方法,从而保证结构有足够强度、刚度和稳定性的要求,达到安全、适用和经济的目的。

各学科的研究对象及研究任务见表1-1。

表1-1 各学科的研究对象及研究任务

学科	研究对象	研究任务
静力学	刚体	物体平衡条件
材料力学	单根杆件	变形体的强度、刚度和稳定性
结构力学	杆系结构	
弹性力学	板壳结构、实体结构	

任务二 结构计算简图及杆件体系分类

一、工程结构的简化原则及方法

一个实际结构的受力情况往往是很复杂的,完全按照结构的实际情况进行力学分析会遇到一定的困难,同时也是不必要的困难。因此,对实际结构进行力学分析之前,需对实际结构作出某些简化和假设。在计算时,省略次要的因素,显示其基本特征,建立既能反映其主要力学性能,又便于计算的力学理想模型,即用一个简化的图形来代替实际结构。这个图形称为结构的计算简图。

(一)简化原则

(1)从实际出发。要反映结构主要受力特征、几何特征及变形特征,使计算结果接近实际情况。

(2)要分清主次。力求便于结构解析的力学计算模型,以达到简化的目的。

计算简图的选择要根据当时、当地的具体要求和条件来选用,并不是一成不变的。例如,对不重要的结构可以采用较简单的计算简图,对重要的结构应采用较精确的计算简图;在初步设计阶段可选择较粗糙的计算简图,在施工图设计阶段可选择较精确的计算简图;用手算时可选取较简单的计算简图,用计算机计算时可选取较复杂的计算简图。

(二)简化要点

1. 杆件的简化

杆件一般用其轴线表示,杆件两端结点之间的距离称为杆件长度,荷载作用点也移动到轴线上(见图1-5)。

2. 结点的简化

杆件连接汇交点叫结点。实际结构结点是复杂的,一般简化为铰结点和刚结点两类

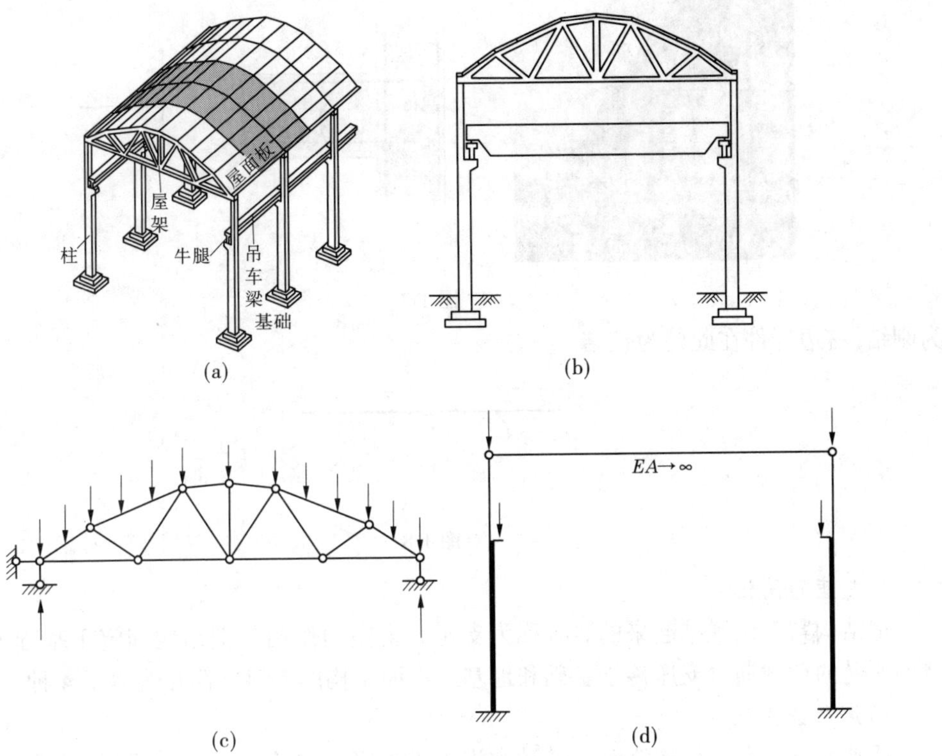

图 1-5

(见图 1-6、图 1-7)。

1)铰结点

铰结点的几何特征是各杆可以绕该结点自由转动。图 1-6 所示的结点简图常用于桁架中。

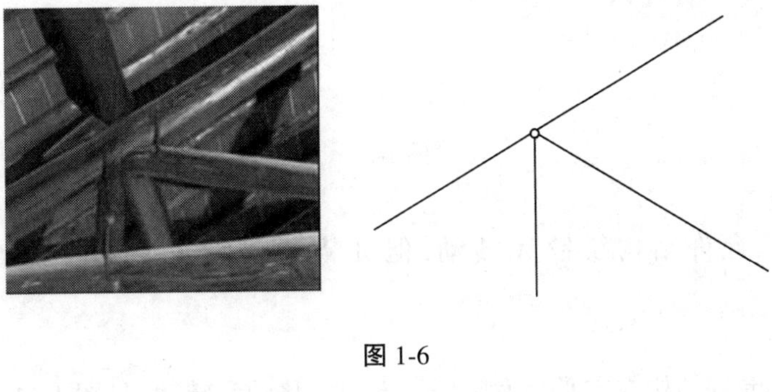

图 1-6

2)刚结点

刚结点的几何特征是各杆不能绕该结点发生相对转动,即各轴线之间的夹角在受力变形前后保持不变,有杆端弯矩和剪力。图 1-7 所示的结点常见于刚架中。

3)组合结点

组合结点是部分刚结、部分铰结的结点。如图 1-8 所示的结点,左边杆件与中间杆件

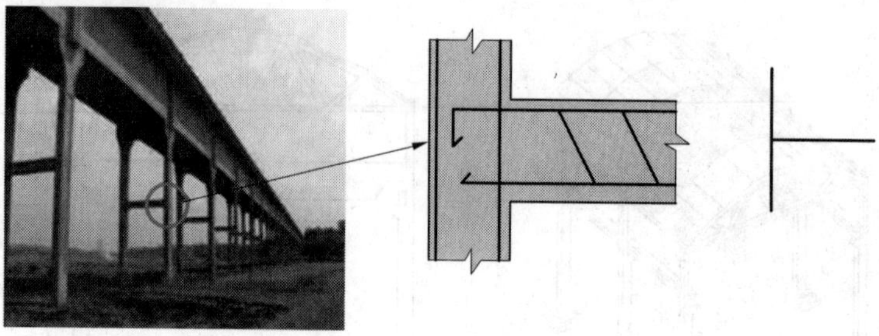

图 1-7

为刚结,右边杆件在此处为铰结。

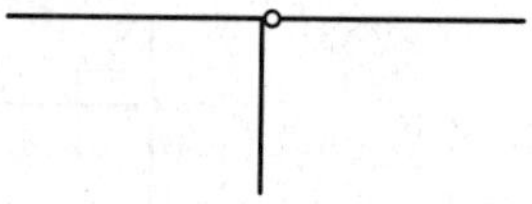

图 1-8

3. 支座的简化

把结构与基础联结起来的装置称为支座。支座的作用是把结构固定于基础上,同时结构所受的荷载通过支座传于基础和地基。平面结构的支座常简化为以下 4 种。

1) 活动铰支座

活动铰支座允许结构绕铰 A 转动和沿支承平面方向移动,但 A 点不能沿垂直于支承面的方向移动(见图 1-9)。

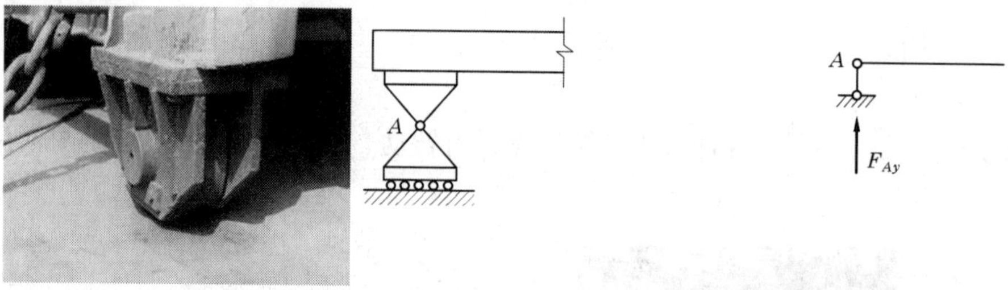

(a) (b) (c)

图 1-9

2) 固定铰支座

固定铰支座允许结构绕铰 A 转动,但 A 点不能沿水平方向和竖直方向移动(见图 1-10)。

3) 固定支座

固定支座不允许结构在支承处发生任何方向的移动和转动(见图 1-11)。

4) 定向支座

定向支座又称滑动支座,结构在支承处不能转动,不能沿垂直于支承面的方向移动,但可沿支承面方向滑动(见图 1-12)。

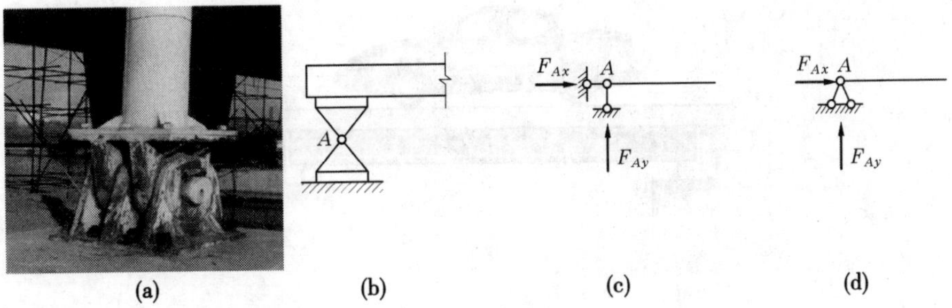

图 1-10

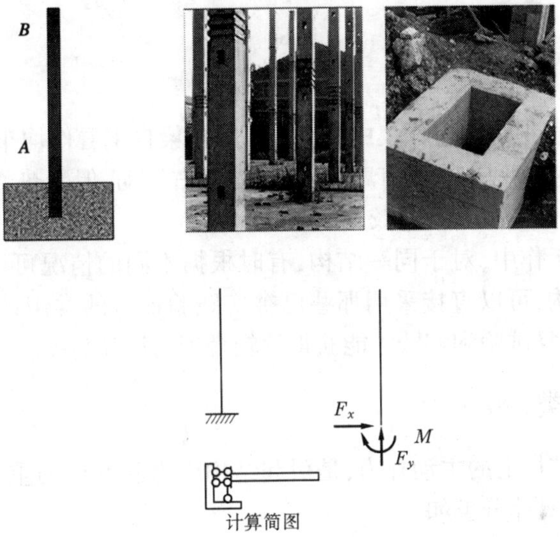

图 1-11

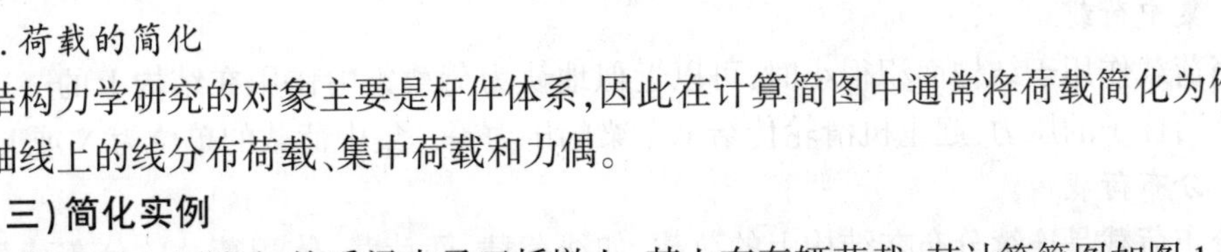

图 1-12

4. 荷载的简化

结构力学研究的对象主要是杆件体系，因此在计算简图中通常将荷载简化为作用在杆件轴线上的线分布荷载、集中荷载和力偶。

(三) 简化实例

如图 1-13(a)所示，均质梁支承于桥墩上，其上有车辆荷载，其计算简图如图 1-13(b)所示。

(1)杆件简化：用轴线代替了杆件。

(a)

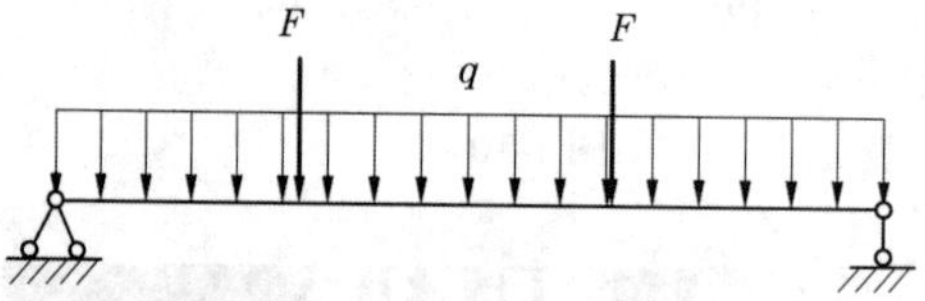

(b)

图 1-13

(2)荷载简化:可把车辆看作集中荷载。可把桥梁自重看作均布荷载。

(3)支座简化:考虑到支承面有摩擦,梁不能左右移动,但受热膨胀时可伸长,将一端视为固定铰支座,另一端视为活动铰支座。

在实际的设计工作中,对于同一结构,有时根据不同的情况可以采用不同的计算简图。对于常用的结构,可以直接采用那些已被实践验证过的常用计算简图;对于新型结构,往往还要通过反复试验和实践才能获得比较合理的计算简图。

二、荷载的分类

荷载是作用于结构上的主动外力,是引起结构内力和变形的重要原因。作用于结构上的荷载类型很多,具体分类如下。

(一)按作用时间分类

1. 恒载

恒载是作用于结构上大小方向与时间无关,不发生变化的荷载,如自重、永久固定在结构上的设备重量等。

2. 活载

活载是作用于结构上的位置和大小均可变的荷载。如流动的人群的荷载,风、雪的荷载,桥面上跑动的汽车的荷载,可移动的设备的荷载等。

(二)按荷载作用的区域大小分类

1. 集中荷载

当荷载作用于结构面积很小时,可以近似地认为荷载集中作用在结构上的一点。如屋架传给柱子的压力、起重机滑轮传给吊车梁的压力等。集中荷载的单位为 N 或 kN。

2. 分布荷载

分布荷载是连续分布在结构上的荷载,如线荷载、面荷载、体积荷载。分布荷载的单位为 N/m、N/m^2、N/m^3。

工程上往往把体分布荷载和面分布荷载简化为线分布荷载,单位是 N/m 或 kN/m。分布荷载又分为均布荷载和非均布荷载。

集中荷载和均布荷载在工程中最常用。

(三)按荷载作用是否产生动力效应分类

1. 静力荷载

静力荷载是当荷载作用在结构上时,变化速度缓慢,不会引起结构产生明显加速度,因而可以略去惯性力的影响的荷载。如结构的自重和其他恒荷载等。

2. 动力荷载

动力荷载是当荷载作用在结构上时,其大小和作用方向均随时间迅速变化,它将引起结构振动,使结构产生明显加速度,因而必须考虑惯性力的影响的荷载。例如,打桩机产生的冲击荷载、动力机械产生的振动荷载、地震产生的随机荷载等,都属于动力荷载。

(四)按荷载随空间位置的变异分类

1. 固定荷载

固定荷载指在结构空间位置上具有固定分布、作用位置不变的荷载。如结构自重、固定的设备等。

2. 移动荷载

移动荷载指在结构空间位置上可移动的荷载。如人群荷载、吊车荷载等。

荷载的确定一般来说比较复杂,《建筑结构荷载规范》(GB 50009—2012)、《建筑抗震设计规范》(GB 50011—2010)中都列有在结构设计中所需考虑的各种荷载,供设计时加以合理的取舍与组合,但合理组合的前提是对实际结构及现场的深入了解。同一结构的使用环境或对象不同,其荷载的大小就可能不一样,所以应当注意其使用环境和对象。

三、杆件结构的分类

杆件结构是应用最多、使用最广的一种结构形式,因此种类甚多,根据不同的观点,可以有不同的分类方法。

(一)按计算特点划分

1. 静定结构

结构在任意荷载作用下,其反力和内力仅由静力平衡条件就能确定的称为静定结构。图 1-14 所示的为简支梁。

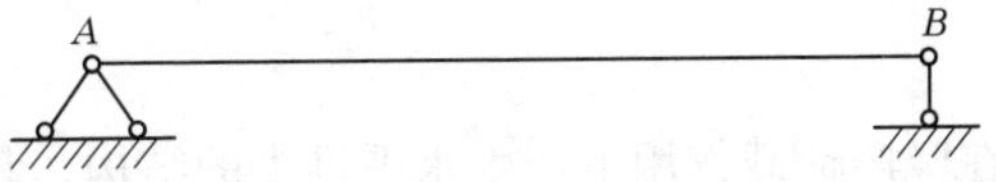

图 1-14

2. 超静定结构

结构在任意荷载作用下,除应用静力平衡条件外,还必须考虑结构的变形协调条件才能求得其全部反力和内力,称为超静定结构(见图 1-15)。

(二)按结构组成及受力特征划分

1. 梁

梁是一种以弯曲变形为主的结构,水平梁在竖向荷载作用下,其截面内力有剪力和弯矩,且主要承担弯矩(见图 1-16)。

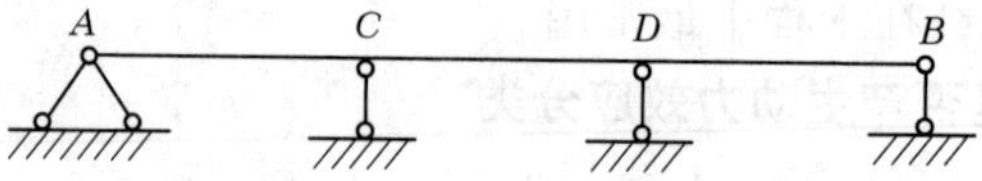

图 1-15

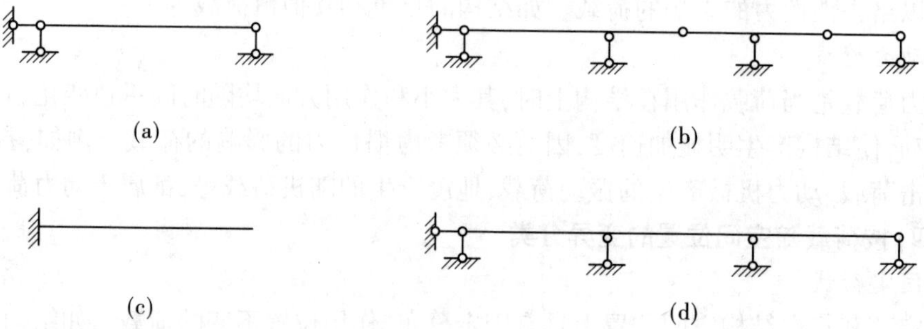

图 1-16

2. 刚架

刚架是由梁、柱组成,多为刚结点的结构,其受力特征是杆件内有弯矩、剪力和轴向力,且主要承担弯矩(见图 1-17)。

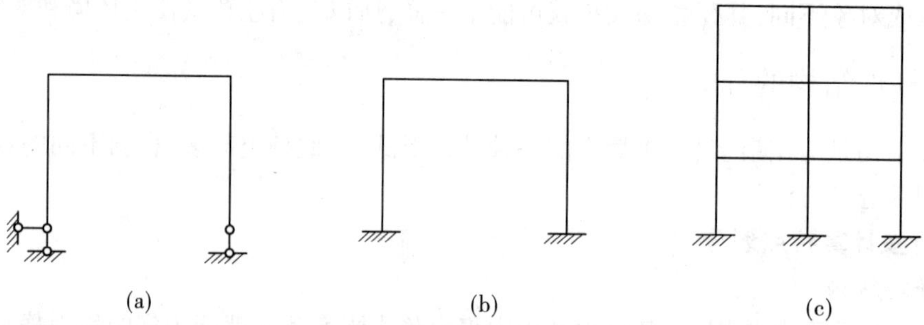

图 1-17

3. 拱

拱是由曲杆组成、在竖向荷载作用下产生水平推力的结构。其截面内力有弯矩、剪力和轴力,且主要承担轴力(见图 1-18)。

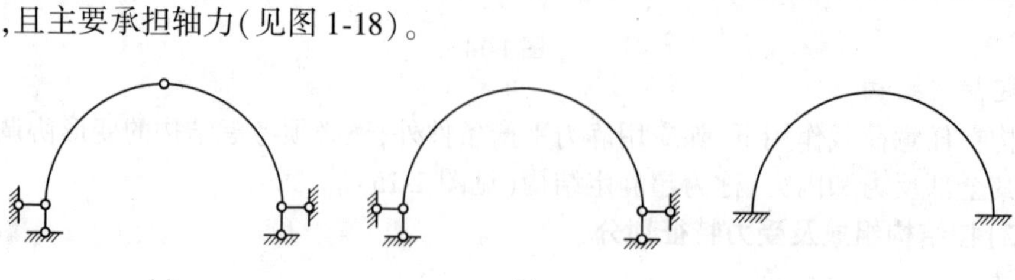

图 1-18

4. 桁架

桁架由直杆组成，所有结点都为理想铰结点。当仅受结点集中荷载作用时，其内力只有轴力（拉力和压力）（见图 1-19）。

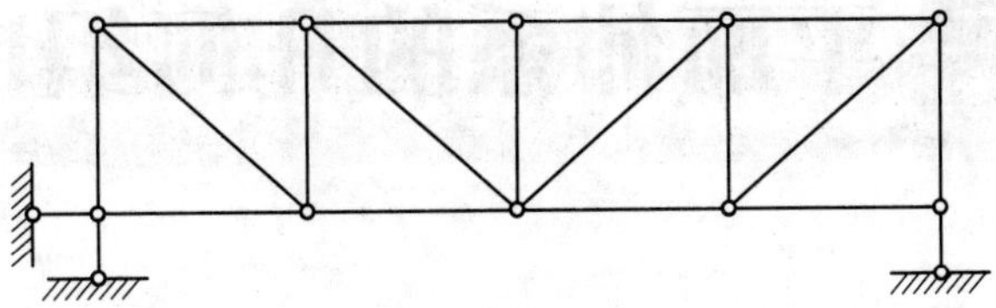

图 1-19

5. 组合结构

组合结构是由只承受轴力的桁杆和主要承受弯矩的梁杆（梁或刚架杆件）组成的结构，其中含有组合结点（见图 1-20）。

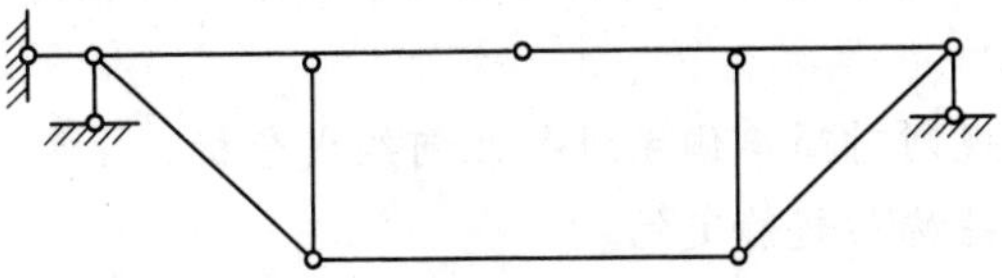

图 1-20

项目二 平面体系的几何组成

学习目标

【知识目标】

(1)掌握几何不变体系的几何组成规则。

(2)能够利用几何不变体系的组成规则确定平面体系的几何组成。

【能力目标】

(1)能够应用基本规则对简单体系进行几何组成分析。

(2)能够区别静定结构与超静定结构。

【思政目标】

(1)培养学生端正学习态度,形成良好的学习习惯。

(2)培养学生自主探索知识的能力。

任务一 概 述

一、几何组成分析的目的

实际结构在承受荷载后都不可避免地会产生内力与变形,但对于工程结构来说,一般不允许其存在相对于基础而言的刚体运动的可能性。在不计材料变形的前提下,若体系的位形是不可以改变的,则称为几何不变体系,在工程实际中,可以作为结构。若体系的位形是可以改变的,则称为几何可变体系。几何可变体系不能承担荷载,在工程实际中无法应用,因此不能作为结构。如图 2-1(a)所示铰结三角形体系是一种最基本的几何不变体系;而如图 2-1(b)所示的铰结四边形就属于几何可变体系。对于几何可变体系,任意小的干扰力就可以使它发生位形的改变,如图 2-1(b)所示虚线表示的就是该体系可能发生的位形改变。

若干个杆件以某种方式相互连结,并与基础相连,则构成杆件体系。如果体系的所有杆件和联系及外部作用均处在同一平面内,则称为平面杆件体系。按照几何学的原理对体系发生运动的可能性进行分析,称为体系的几何组成分析。

显然,结构必须是几何不变体系,在设计结构和选取其计算简图时,首先必须判断它是否为几何不变体系。因此,对体系进行几何组成分析的目的如下:

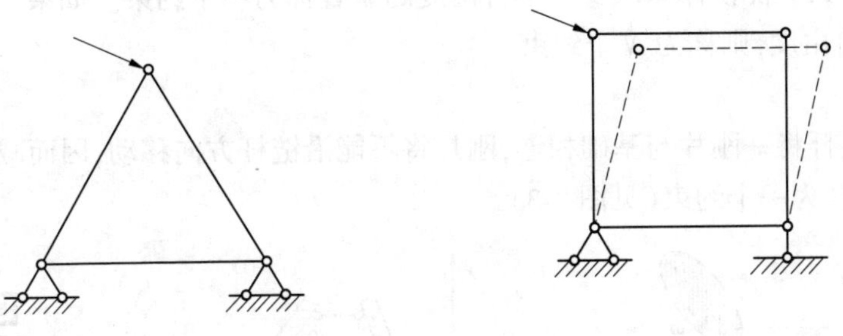

(a)　　(b)

图 2-1

(1)判别某一体系是否为几何不变体系。

(2)研究几何不变体系的组成规律,以决定是否可以作为结构。

(3)根据结构的组成规则确定它是静定的或是超静定的,以指导结构的内力计算。

体系中任何几何不变的部分都可看作一个刚体,它在平面体系中简称为刚片。因此,一根梁、一根链杆或者在体系中已经肯定为几何不变的某个部分,以及支承结构的地基,都可看作一个刚片。本项目所讨论的体系只限于平面杆件体系。

二、平面体系的自由度和约束

(一)自由度

为了便于对体系进行几何组成分析,先讨论平面体系自由度的概念。确定体系的位置所必需的独立坐标的数目,称为自由度,即该体系运动时,可以独立的运动方式或独立的几何参变数。

码 2-1　自由度

在平面内一个点的位置由两个坐标 x 和 y 来确定[见图 2-2(a)],所以在平面上一个点的自由度有两个。平面内一个刚片的位置由其任一点 A 的坐标 x、y 和过 A 点的任一直线 AB 的倾角 θ 来确定[见图 2-2(b)],因此一个刚片的自由度有 3 个。

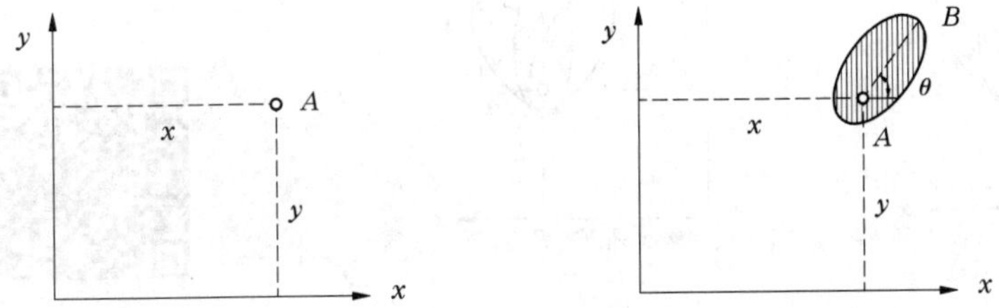

(a)　　(b)

图 2-2

码 2-2　约束

(二)约束

实际结构体系中各杆件之间及体系与基础之间,是通过一些装置互相联系在一起的。这些连结装置使体系内各构件(刚片)之间相对运动受到了限制。能使体系减少自由度的装置称为约束。能使体系减少一个自由度的装置称为一个约束。如果一个装置能使体系减少 N 个自由度,则称为 N 个约束。

1. 链杆

用一根链杆将一刚片与基础相连,刚片将不能沿链杆方向移动,因而减少了一个自由度,故一根链杆为一个约束(见图 2-3)。

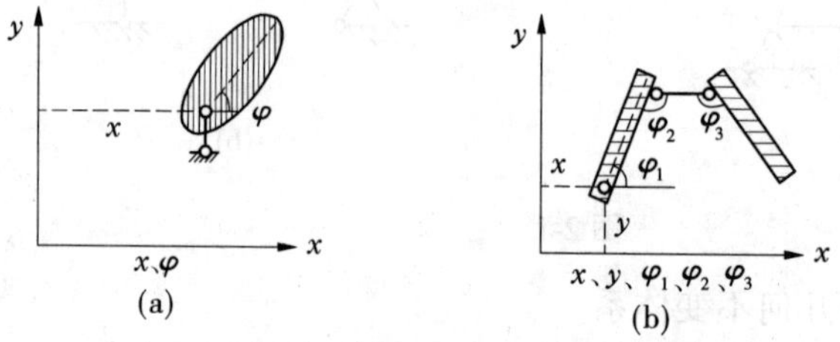

图 2-3

码 2-3 单铰、虚铰、复铰、刚结点

2. 单铰约束

连结两刚片的铰称为单铰。如图 2-4(a)所示,两刚片之间由单铰连结,确定刚片Ⅰ的位置需三个独立坐标 x、y 和 φ_1,在确定刚片Ⅰ的位置后,还需一个坐标 φ_2 来确定刚片Ⅱ绕铰转动时的夹角,所以体系的自由度为 4 个,两刚片原有 6 个自由度,现减少 2 个。因此,一个单铰的作用使体系自由度减少 2 个,所以它相当于 2 个约束。

3. 复铰约束

连结 3 个或 3 个以上刚片的铰称为复铰。例如,图 2-4(b)所示刚片Ⅰ、Ⅱ、Ⅲ共用一个铰 A 连结,若刚片Ⅰ的位置已固定,则刚片Ⅱ和Ⅲ都只能绕铰 A 转动,从而各减少了 2 个自由度,两刚片共减少了 4 个自由度,故连结 3 个刚片的铰实际相当于两个单铰的作用。

一般来说,连结 n 个刚片的复铰,其相当于 $n-1$ 个单铰作用,能使体系减少 $2(n-1)$ 个自由度。

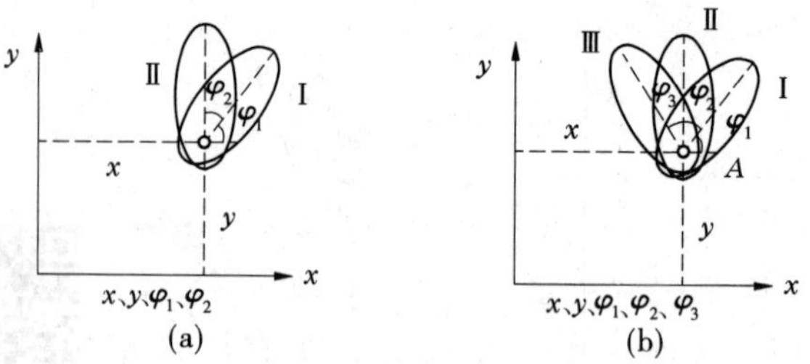

图 2-4

码 2-4 复铰约束

4. 虚铰约束

连结在两个刚片上的两个链杆的延长线交点为虚铰(见图 2-5)。两根链杆的约束作用相当于一个单铰所起的约束作用。所以,两根链杆可以看作在交点处有一个瞬铰(虚铰)。虚铰与单铰的作用相同,因此两个链杆相当于一个单铰。

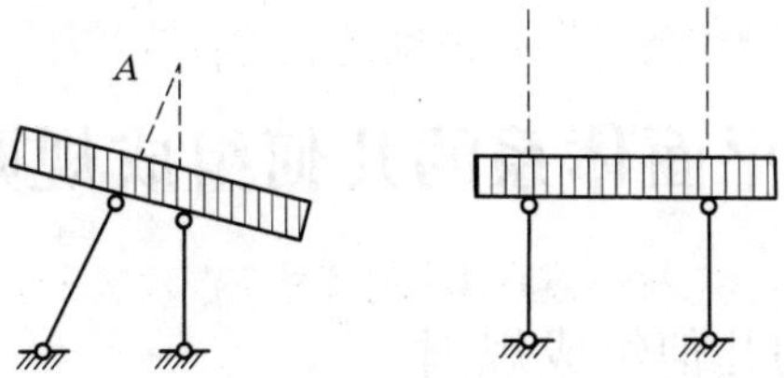

图 2-5

5. 刚结点

两刚片之间不能发生任何相对运动的结点称为刚结点。两刚片之间经刚性连接后使体系自由度减少 3 个，所以一个刚结点相当于 3 个约束，即相当于 3 个链杆的作用或 1 个单铰与 1 根链杆的作用。如图 2-6(a)所示刚片Ⅰ和Ⅱ经刚性连结后，两个刚片成为一个刚片，其自由度为 3 个。由此类推，连结 n 个刚片的复刚结点可以当作 $n-1$ 个单刚结点，可以减少 $3(n-1)$ 个自由度[见图 2-6(b)]。

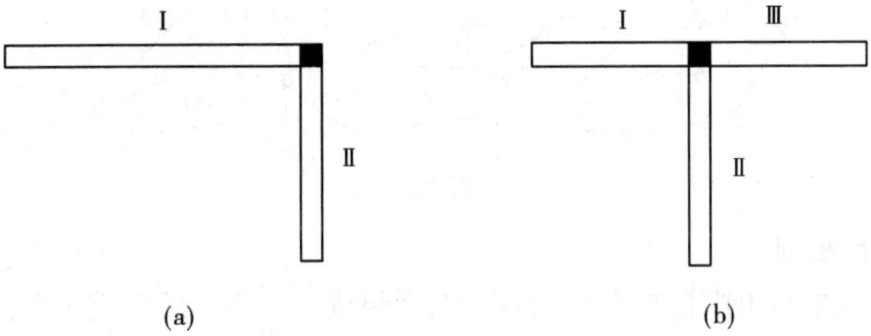

图 2-6

6. 多余约束

应当注意的是，并非所有的约束都能减少体系的自由度。或者说，体系中约束的作用可能相互重复。如图 2-7 所示，平面内一动点 A 原有 2 个自由度，若用两根不共线的链杆将其与地基相连，则 A 点被完全固定，体系的自由度为 0。此时，若再增加一根链杆，体系的实际自由度仍为 0，这说明所增加的链杆约束的作用与体系中已有约束的作用是重复的。一般把使体系成为几何不变体系而必需的约束称为必要约束，把必要约束之外的约束称为多余约束。每一个必要约束都使体系减少一个自由度，而多余约束的存在并不减少体系的自由度。如图 2-7 所示，可以把三根链杆中的任何一根视为多余约束。

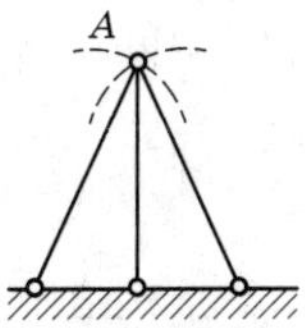

图 2-7

码 2-5　多余约束与必要约束

任务二　平面体系的几何组成规则和瞬变体系

一、几何不变体系的几何组成规则

(一)两刚片规则

如图 2-8 所示,平面中两个独立的刚片一共有 6 个自由度,如果将它们组成一个刚片,则只有 3 个自由度。由此可知,在两个刚片之间至少要用 3 个联系相连,才能组成一个几何不变体系。前文已经介绍,一根链杆相当于一个约束,两根链杆就相当于一个单铰的作用,因此可以得出两刚片的组成规则是:两刚片用一个铰和一根不通过该铰链中心的链杆(或不全交于一点也不全平行的三根链杆)相连,则组成的体系是几何不变的,并且没有多余约束。

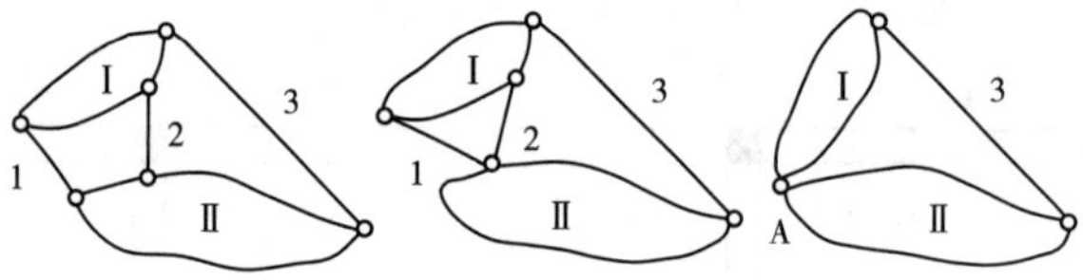

图 2-8

(二)三刚片规则

平面中 3 个独立的刚片共有 9 个自由度,而组成一个刚片后变成 3 个自由度。因此,在 3 个刚片之间至少应加入 6 个联系,才可将 3 个刚片组成一个几何不变体系。

如图 2-9(a)所示,刚片Ⅰ、Ⅱ、Ⅲ用不在同一直线上的 A、B、C 3 个铰两两相连,这样组成的体系是几何不变的。如图 2-9(b)所示,由于两根链杆的作用相当于一个单铰,故可将任一单铰改为两根链杆所构成的虚铰,只要 3 个铰(实铰或虚铰) 不在同一直线上,组成这样的体系也是几何不变的。因此,可以得出三刚片的组成规则是:3 个刚片用不共线的 3 个铰两两相连(或 6 根链杆两两相联),则组成的体系是几何不变体系,且没有多余约束。

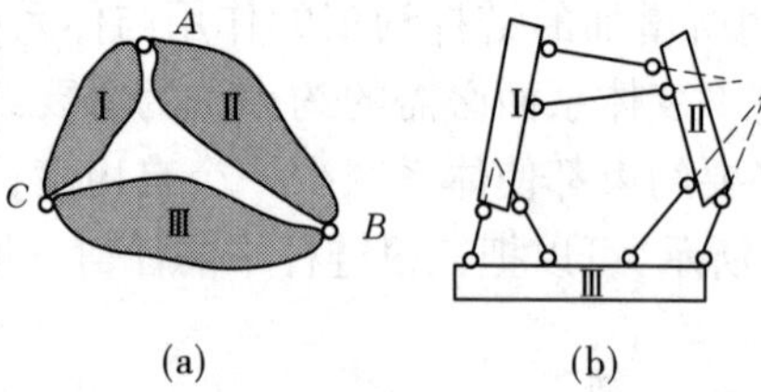

图 2-9

(三)二元体规则

在一个刚片上增加(或拆除)一个二元体仍为几何不变体系,称这一规则为二元体规则。

码 2-6　平面体系的几何组成规则(三刚片规则、二元体规则)

码 2-7　两刚片规则

码 2-8　三刚片规则(两铰无穷远处)

码 2-9　三刚片规则(一铰无穷远处)

所谓二元体,是指由两根不在同一直线上的链杆连结一个新结点的装置(见图 2-10)。在已知体系上依次加入或依次拆除二元体,不会影响原体系的几何不变性或可变性。

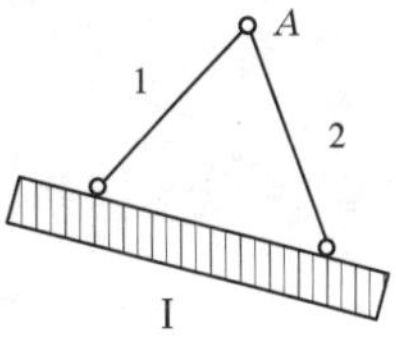

图 2-10

二、常变体系和瞬变体系

在平面体系中,不满足上述规则的体系称为几何可变体系。几何可变体系又可以分为常变体系和瞬变体系。

如图 2-11(a)所示,刚片Ⅰ和刚片Ⅱ用 3 根平行且等长的链杆相连,两刚片可以任意互相平行运动;如图 2-11(b)所示,刚片Ⅱ始终可以绕铰 *A* 任意转动,这类体系为常变体系。

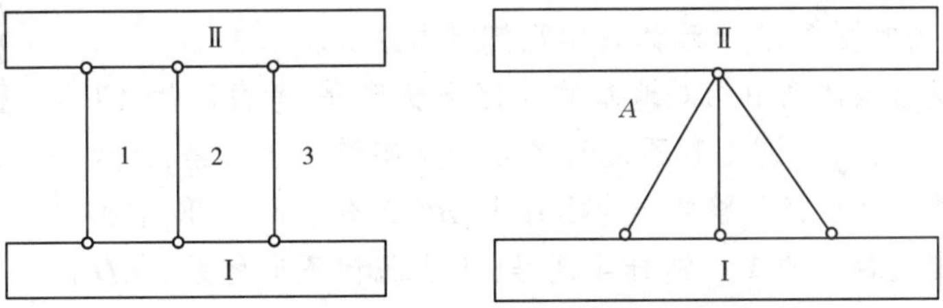

(a)　(b)

图 2-11

如图 2-12(a)所示,两刚片用 3 根链杆相连的体系,3 根链杆的延长线交于 *A* 点,由两刚片规则可知,该体系是几何可变的。当两刚片绕 *A* 点做微小转动后,3 根链杆延长线不再交于 *A* 点,此时满足两刚片规则,从而将不再继续发生相对转动,故体系成为几何不变的体系。这种几何可变体系发生微小的位移后变成几何不变体系,这类体系称为瞬变体系。

如图 2-12(b)所示,刚片Ⅰ和刚片Ⅱ之间由 3 根不等长但相互平行的链杆相连结,两刚片可以发生相对移动,体系在这一瞬间是几何可变的,但经微小水平位移后,由于各杆长度 L 不等、各杆的转角 α 不等,3 根链杆不再互相平行,体系成为几何不变的体系,所以这种体系也是瞬变体系。

如图 2-12(c)所示,位于同一直线上的铰 *A*、*B*、*C* 相连结的 3 个刚片Ⅰ、Ⅱ、Ⅲ。设刚片Ⅰ固定不动,则刚片Ⅱ和刚片Ⅲ做相对运动时,应分别绕 *A* 点及 *B* 点转动,此时 *C* 点将

在以 AC 和 BC 为半径的两个圆弧的公共切线上做微小的移动。但在发生一微小移动后，3 个铰就不再位于同一直线上，公切线也不再存在，体系即成为几何不变的体系。因此，该体系也是一个瞬变体系。

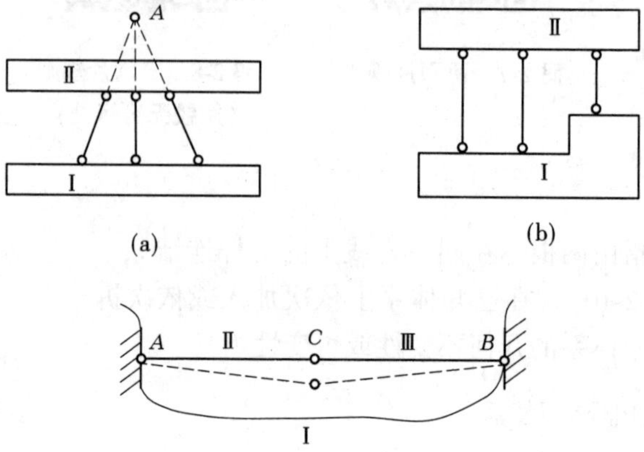

(c)

图 2-12

码 2-10　不变体系、瞬变体系、常变体系

瞬变体系不能作为结构，不仅如此，接近于瞬变体系的几何构造在实际结构布置时也不容许出现，在设计中必须注意。

三、实例分析

码 2-11　几何组成分析例题

例题 2-1　试对图 2-13 所示体系作几何组成分析。

解：首先，找出该体系中相对地基的几何不变部分，考虑刚片 AB 与地基的连结，它们之间由铰 A 和不通过铰心的支座链杆 3 连结，故为一个几何不变体系。然后将此整体作为刚片Ⅰ，BC 部分为刚片Ⅱ，它们之间由铰 B 和不通过铰心的支座链杆 4 连结，组成几何不变体系。CD 刚片的组成分析同上，因此整个体系是几何不变的体系，并且没有多余约束。

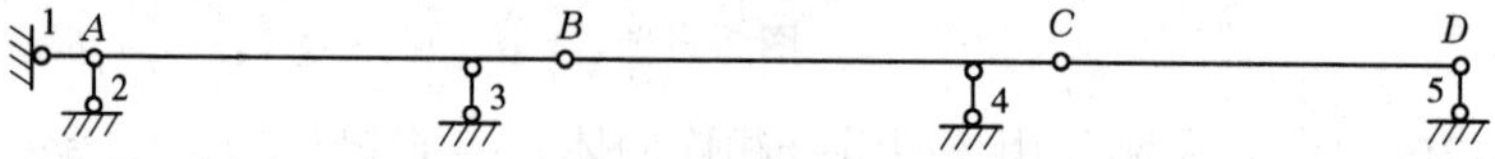

图 2-13

例题 2-2　试对图 2-14 所示体系作几何组成分析。

解：体系中 ADC 部分是由基本三角形 AFG 逐次加上二元体所组成的，是一个几何不变部分，即为刚片Ⅰ。同理，BEC 部分也是几何不变体系，即为刚片Ⅱ。再将基础视为刚片Ⅲ，则 3 个刚片由 3 个不共线的铰 A、B、C 两两相连，所组成的体系为几何不变体系，且无多余联系。

例题 2-3　试对图 2-15 所示体系作几何组成分析。

解：在此体系中，可以应用二元体规则进行分析。在基础上依次增加 A-D-B 和 A-C-D 两个二元体，则该部分与基础组成刚片；再将 EF 看成另一刚片。该两刚片由链杆 DE 和支座 F 处的两水平链杆相连结，根据两刚片规则，应为几何不变体系，且无多余联系。

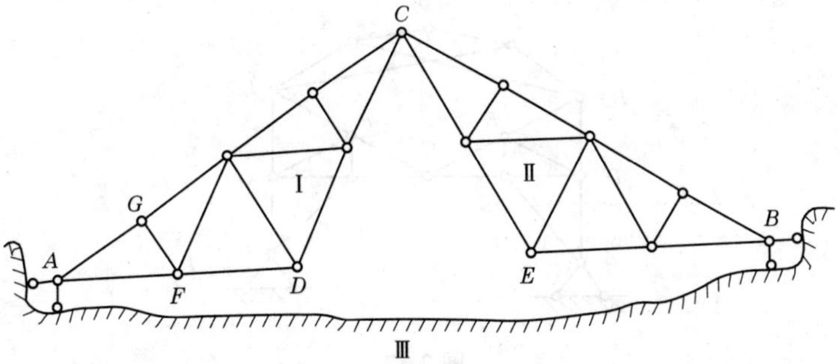

图 2-14

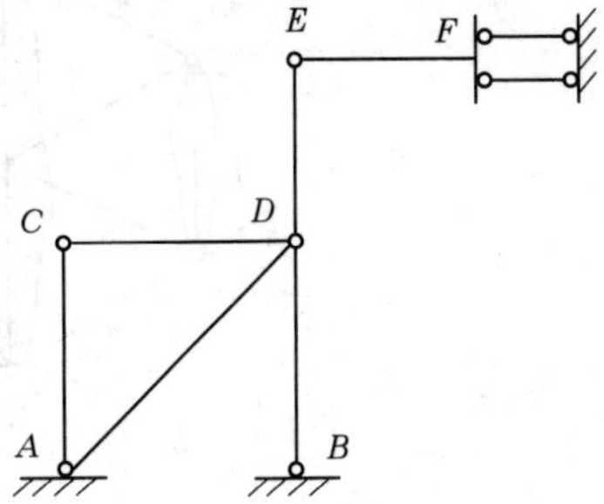

图 2-15

例题 2-4　试对图 2-16 所示体系作几何组成分析。

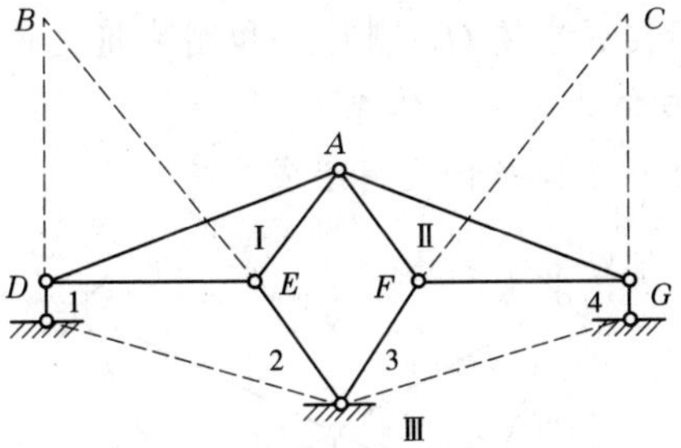

图 2-16

解：首先，三角形 *ADE* 和 *AFG* 是两个无多余约束的刚片Ⅰ、刚片Ⅱ。刚片Ⅰ与基础Ⅲ间的链杆 1、链杆 2 相当于虚铰 *B*，刚片Ⅱ与基础Ⅲ间的链杆 3、链杆 4 相当于虚铰 *C*。*A*、*B*、*C* 3 个铰不共线，则体系为无多余约束的几何不变体系。

例题 2-5　试对图 2-17 所示体系作几何组成分析。

解：为简化分析，首先依次拆除二元体 *I*–*J*–*K*、*H*–*I*–*L*、*H*–*K*–*L*、*D*–*H*–*E* 和 *F*–*L*–*G*。剩下的部分 *ADEC*，则是从 1 个铰结三角形开始，依次添加二元体所组成的几何不变体系，看作刚片Ⅰ，同理，*BGFC* 为刚片Ⅱ，地基为刚片Ⅲ，它们之间用 3 个铰 *A*、*B*、*C* 按三刚片规则相连，故是几何不变的体系，且无多余约束。因而整个体系是无多余约束的几何不变体系。

例题 2-6　试对图 2-18(a)所示体系作几何组成分析。

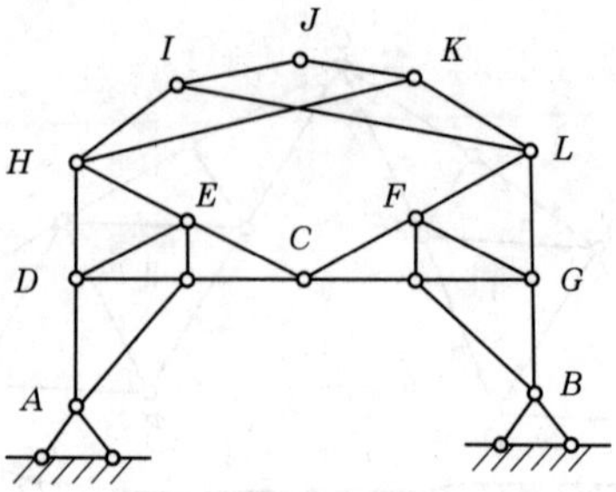

图 2-17

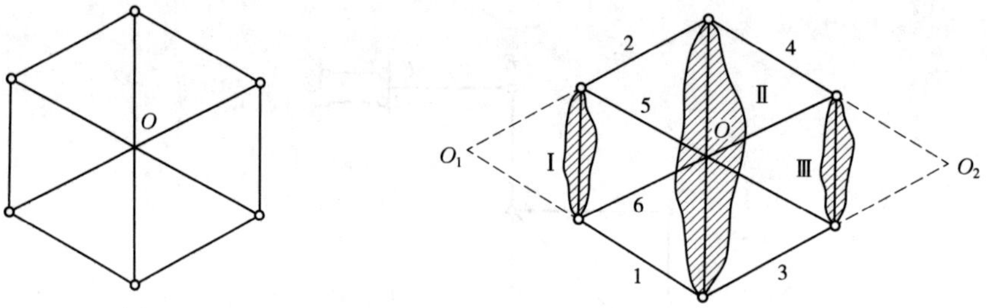

(a) (b)

图 2-18

解:此题用三刚片规则进行分析。把图中 3 根相互平行的链杆视为 3 个刚片[见图 2-18(b)];刚片Ⅰ和刚片Ⅱ之间由链杆 1、2 连结,它们构成虚铰 O_1;刚片Ⅱ和刚片Ⅲ之间由链杆 3、4 连结,它们构成虚铰 O_2;刚片Ⅰ和刚片Ⅲ之间由链杆 5、6 连结,它们构成虚铰 O。3 个虚铰共线,故体系为瞬变体系。

例题 2-7 试对图 2-19 所示体系作几何组成分析。

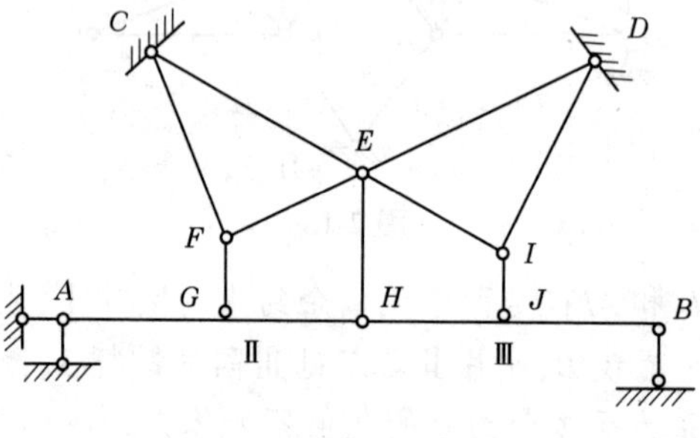

图 2-19

解:由三刚片规则可知,地基与三角形 *CEF* 和三角形 *DEI* 组成几何不变体系,视为刚片Ⅰ。横梁 *AH* 为刚片Ⅱ,横梁 *BH* 为刚片Ⅲ,它们之间用铰 *A* 和铰 *H*,以及由链杆 *IJ* 和 *B* 支座的竖向链杆所组成的在无穷远处的虚铰,两两相连,组成几何不变体系,但有 2 个多余约束(*FG* 杆和 *EH* 杆可视为多余约束),故整体为几何不变体系,但有 2 个多余约束。

任务三　几何组成与静定性的关系

一、静定结构与超静定结构

平面杆系结构可分为静定结构与超静定结构两种。凡只需要利用静力平衡条件就能计算出结构全部支座反力和构件内力的结构称为静定结构。如果结构全部的支座反力和构件内力不能只由静力平衡条件来确定,则结构称为超静定结构。

二、几何组成与静定性的关系

几何组成分析除可以判定体系是否为几何不变体系外,还可以说明体系是否为静定体系。为了说明这一问题,现在来讨论体系的几何构造性质与平衡方程解答之间的关系。按几何构造性质的不同,体系可分为几何可变体系和几何不变体系,其中几何可变体系又包括常变体系和瞬变体系两种,几何不变体系又包括无多余约束体系和有多余约束体系两种情况,现分别讨论如下。

如果体系是常变的,则在任意荷载作用下一般不能维持平衡,即平衡条件不能成立,因而平衡方程式是无解的。至于瞬变体系,在一般荷载作用下其内力无穷大,也就是平衡方程无解。

如果体系是几何不变的,则在任意荷载作用下均能维持平衡,因而平衡方程必定有解。但是解答是否只有一种?这又需要分无多余约束和有多余约束两种情况来讨论。

图 2-20(a)所示为一个无多余约束的几何不变体系,有 3 个支座反力,取刚片 *AB* 为隔离体,可以建立 3 个相应的平衡方程来确定 3 个支座反力,反力确定后,进一步由截面法可以确定任一截面上的内力,因此该简支梁是静定的。图 2-20(b)所示为一个有多余联系的几何不变体系,若去掉任一根竖向支座链杆,体系仍可保持几何不变。它共有 4 个支座反力,取梁 *AB* 为隔离体,所能建立的独立平衡方程仍只有 3 个,除水平反力 F_{Ax} 可由 $\sum F_x = 0$ 确定外,其余 3 个竖向反力便无法只靠剩下的两个平衡方程来确定,当然也无法求出截面上的内力,所以该连续梁是超静定的。

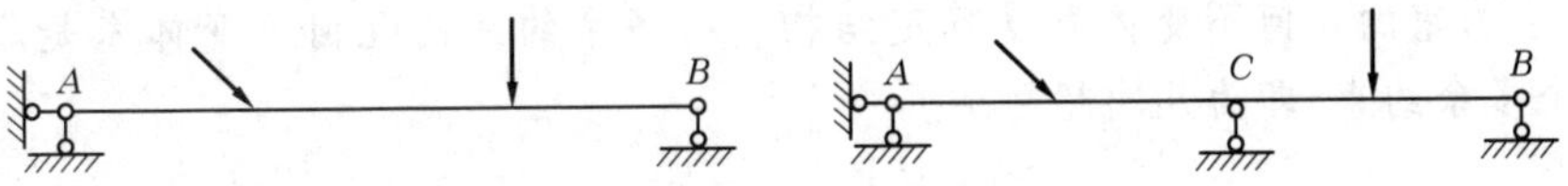

(a)　　(b)

图 2-20

综上所述,无多余约束的几何不变体系是静定的,或者说静定结构的几何组成特征是几何不变且无多余联系。有多余约束的几何不变体系是超静定的,或者说超静定结构的几何组成特征是几何不变且有多余联系,有几个多余联系,即为几次超静定。

项目小结

1. 名词解释

(1)几何不变体系:体系受到任意荷载作用后,若不考虑由于材料的应变所产生的变形,而保持其形状和位置不变的体系,称为几何不变体系。

(2)几何可变体系:尽管只受到很小的荷载作用,也会引起几何形状的改变,这类体系称为几何可变体系。

(3)刚片:平面体系中任何几何不变的部分都可以称为刚片。

(4)几何瞬变体系:一个体系发生微小的位移后,不再继续移动,在微小荷载作用下并能产生相当大的内力,把这种体系称为几何瞬变体系。

(5)复铰:连结两个以上刚片的铰称为复铰。

(6)虚铰:连结在两个刚片上的两个链杆的延长线交点为虚铰。

(7)自由度:确定体系的位置所必需的独立坐标数目,称为自由度。

(8)约束:限制物体之间相对运动的装置,称为约束。

2. 几何组成分析的目的

(1)判别某一体系是否几何不变。

(2)研究几何不变体系的组成规律,以决定体系是否可以作为结构。

(3)根据结构的组成规则确定它是静定结构还是超静定结构,以指导结构的内力计算。

3. 几何组成规则

(1)两刚片规则:两刚片用一个铰和一根不通过该铰链中心的链杆(或不全交于一点也不全平行的三根链杆)相连,组成的体系是几何不变体系,并且没有多余约束。

(2)三刚片规则:三刚片用不共线的三个铰两两相连(或六根链杆组成三个虚铰两两相连),则组成的体系是几何不变体系,且没有多余约束。

(3)二元体规则:在一个刚片上增加(或拆除)一个二元体仍为几何不变体系,称这一规则为二元体规则。

4. 几何组成与静定性的关系

无多余约束的几何不变体系是静定结构。有多余约束的几何不变体系是超静定结构,有几个多余约束,即为几次超静定。

习 题

2-1 分析图 2-21 所示体系的几何构成。

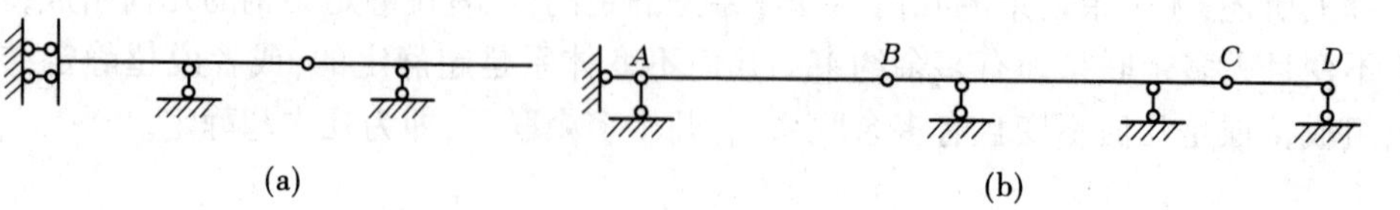

图 2-21

2-2　分析图 2-22 所示体系的几何构成。

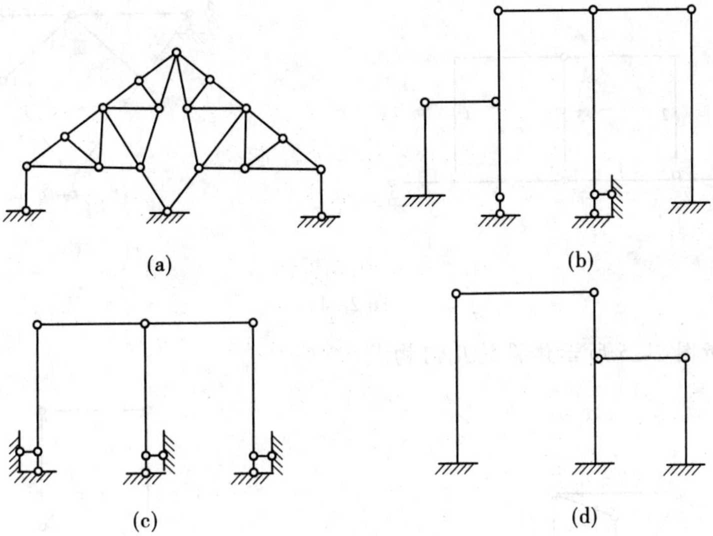

图 2-22

2-3　分析图 2-23 所示体系的几何构成。

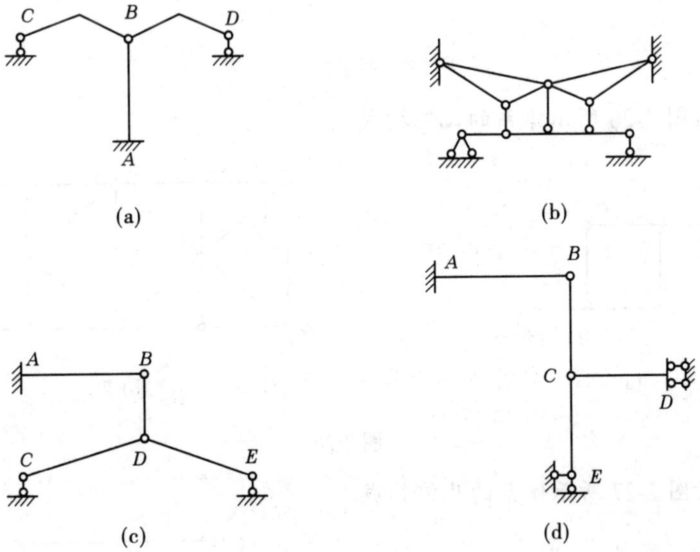

图 2-23

2-4　分析图 2-24 所示体系的几何构成。

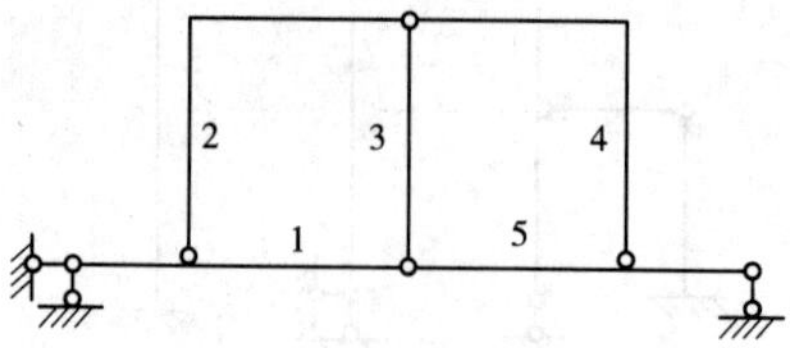

(a)

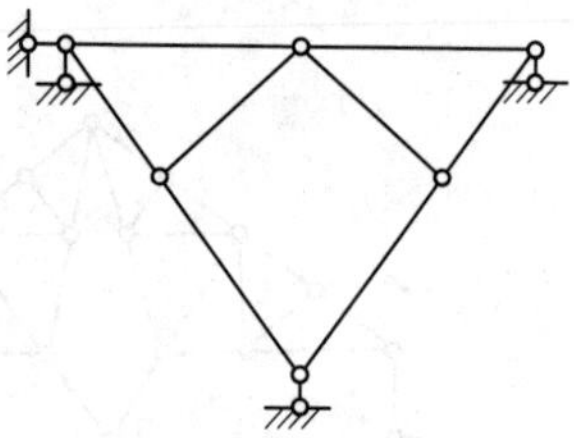

(b)

图 2-24

2-5　分析图 2-25 所示体系的几何构成。

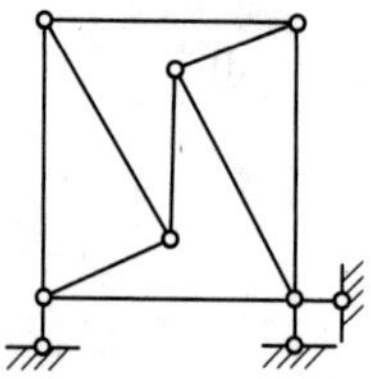

(a)

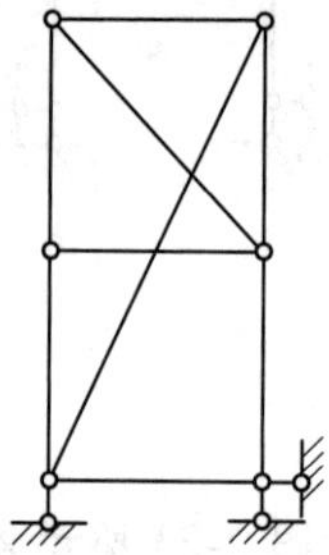

(b)

图 2-25

2-6　分析图 2-26 所示体系的几何构成。

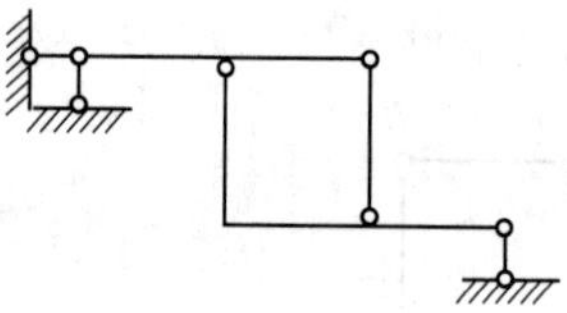

(a)

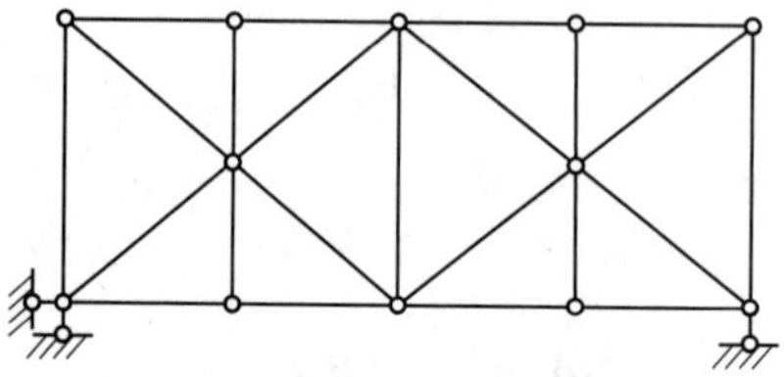

(b)

图 2-26

2-7　分析图 2-27 所示体系的几何构成。

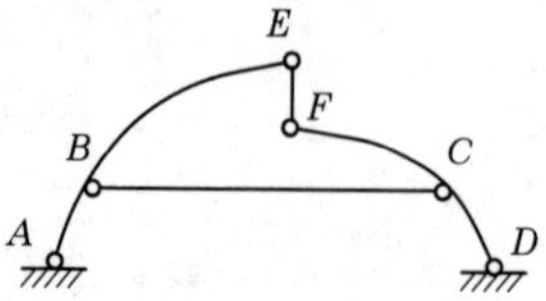

(a)

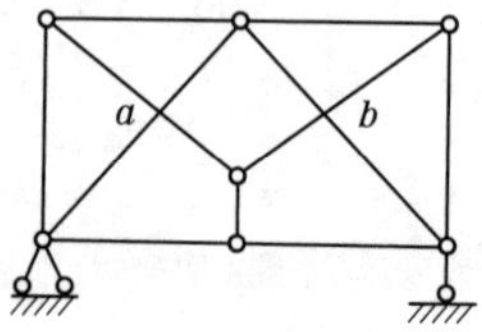

(b)

图 2-27

2-8　分析图 2-28 所示体系的几何构成。

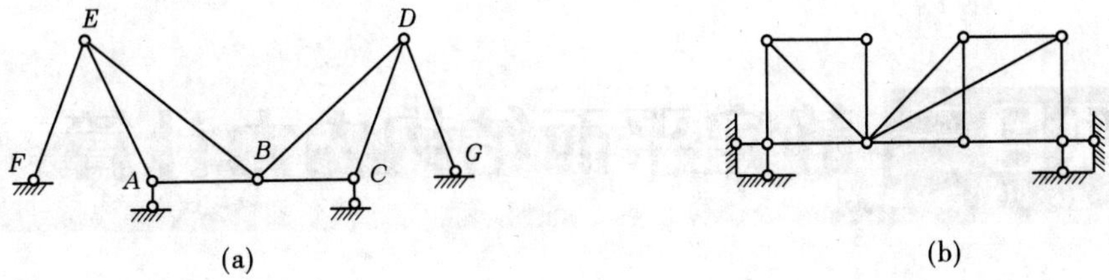

图 2-28

项目三 静定平面结构内力计算

学习目标

【知识目标】

(1)掌握多跨静定梁的类型、几何组成、层次图及计算顺序、多跨梁内力图绘制方法。

(2)掌握刚架结构的特点、静定平面刚架内力图绘制方法。

(3)掌握三铰拱的支座反力、内力计算方法,能够确定三铰拱的合理拱轴线。

(4)掌握并应用结点法、截面法、联合法计算桁架结构的内力。

【能力目标】

(1)能够绘制多跨静定梁的内力图。

(2)能够绘制静定平面刚架的内力图。

(3)能够采用多种方法计算桁架结构的内力。

(4)能够对相应单跨静定梁与三铰拱的支座反力及内力作出对比。

【思政目标】

(1)熟悉中国的超级工程,提升爱国主义精神,增强学生自信心及民族自豪感。

(2)培养学生勇于创新的精神。

任务一 静定梁

一、单跨静定梁

单跨静定梁在工程力学中已经有较详细的介绍,但由于它在工程中应用十分广泛,是组成各种结构的基本结构之一,所以在这里有必要进一步加以复习和总结。它们的支座反力都只有三个,可由平面力系的三个平衡方程求出。

常见的单跨静定梁形式包括简支梁、斜梁、悬臂梁和伸臂梁等(见图 3-1)。在建筑结构中,窗台上的过梁属于简支梁,楼梯梁属于斜梁,雨棚属于悬臂梁,阳台上的挑梁属于伸臂梁。

单跨静定梁内力分析和内力图绘制方法,是其他静定结构内力分析和内力图绘制的基础。因此,本任务在工程力学等课程的基础上,进一步深入讨论单跨静定梁内力图的绘制方法,包括截面法、内力图与荷载间的关系和区段叠加法。

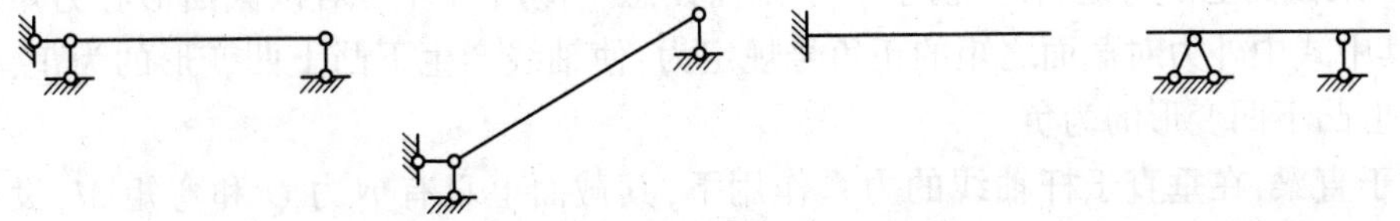

(a)简支梁　(b)斜梁　(c)悬臂梁　(d)伸臂梁

图 3-1　单跨静定梁的结构形式

(一)反力计算

对于静定平面结构,其支座反力的计算属于平面一般力系的问题,且所有反力均可通过静力平衡方程条件求解。

(1)结构未知反力的数目等于 3,此时可研究整体,用平面一般力系的三个独立平衡方程 $\sum F_x = 0$、$\sum F_y = 0$、$\sum M_o = 0$,或二矩式、三矩式求解。需要注意二矩式、三矩式的限制条件。

(2)结构未知反力的数目大于 3,此时除研究整体外,还必须取部分结构为隔离体进行分析。如对图 3-2(a)所示结构,可先研究整体,分别对 A、B 两点取矩,求出 F_{By}、F_{Ay};再取 BC 部分为隔离体,对 C 点取矩,求出 F_{Bx};最后研究整体,用 $\sum F_x = 0$,求出 F_{Ax}。

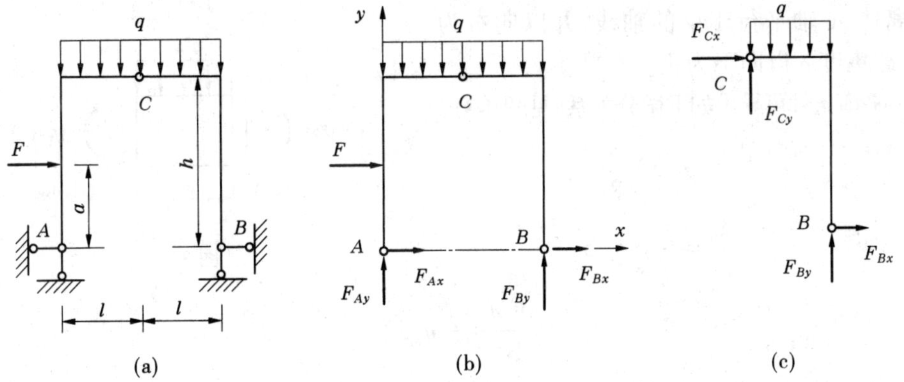

(a)　(b)　(c)

图 3-2

(二)内力计算

1. 指定截面内力计算

在平面杆件的任意截面上,一般有三个内力分量,即轴力 N、剪力 Q 和弯矩 M,计算这些内力的基本方法是截面法,即用一个假想的平面沿所求内力的截面截开,取左边部分(或右边部分)为隔离体,利用平衡方程计算所求的内力。根据截面法可以得出由外力直接计算内力的法则。

(1)某截面上的轴力在数值上等于截面任意一侧的轴向外力(包括荷载和反力)的代数和,使截面受拉的外力为正,使轴线产生受压的外力为负。

(2)某截面上的剪力,在数值上等于该截面任一侧所有垂直轴线方向外力的代数和。其中,外力的正负号规定为:根据平衡关系,其产生的剪力使梁截面微段顺时针转动的为正,反之为负。

(3)某截面上的弯矩,在数值上等于截面任意一侧所有外力对该截面形心力矩的代数和,其中式中外力对截面之矩的正负号规定为:使轴线产生下凸上凹变形的为正,使轴线产生上凸下凹变形的为负。

对于直梁,在垂直于杆轴线的力系作用下,其截面上只有剪力 Q 和弯矩 M,没有轴力 N。

2. 内力图

表示结构上各截面内力数值的图形称为内力图。内力图通常是用平行于杆轴线的坐标表示截面的位置(此坐标轴通常又称为基线),而用垂直于杆轴线的坐标(又称为竖标)表示内力的数值而绘出的。在土木工程中,弯矩图习惯绘制在杆件受拉的一侧,而图上可不注明正负号;剪力图和轴力图则将正值的竖标绘在基线的上方,同时标明正负号。绘制内力图的基本方法是先分段写出内力方程,即以 x 表示任意截面的位置,由截面法写出内力与 x 之间的函数关系式,然后根据方程作图。但通常可不写出内力方程,而用更简便的方法,即利用微分关系判断内力图形状,采用分段、定点、连线及区段叠加法来作内力图。

3. 内力与外力之间的微分关系及内力图形状判断

为了简便、快捷起见,通常利用荷载与内力之间的关系和叠加法作内力图。

在荷载连续分布的直杆段内,取微段 dx 为隔离体,x 轴平行于梁的轴线,并以向右为正,荷载集度 q 以向下为正。

由平衡条件可导出如下微分关系(见图 3-3):

$$\frac{dQ}{dx} = -q(x)$$

$$\frac{dM}{dx} = Q$$

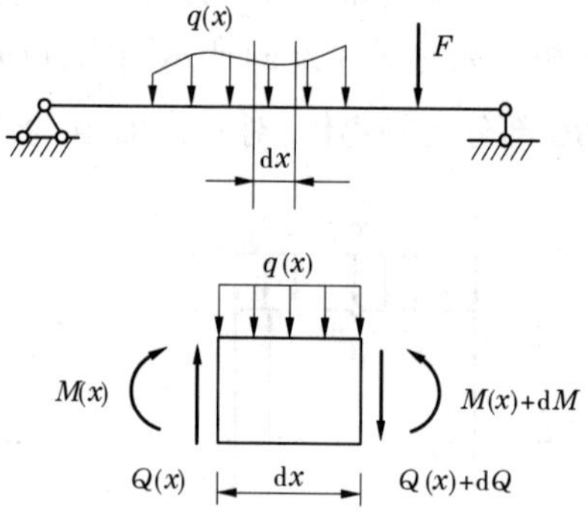

图 3-3

$$\frac{d^2M}{dx^2} = -q(x)$$

根据上述微分关系和导数的几何意义可知:

(1)在无荷载区段,Q 图为水平线,M 图为斜直线。

(2)在均布荷载区段,Q 图为斜直线,M 图为抛物线且其凸出方向与荷载指向相同。

直梁内力图的形状特征见表 3-1。

表 3-1 直梁内力图的形状特征

梁上情况	无横向外力区段	横向均布力 q 作用区段		横向集中力 F 作用处	集中力偶 M 作用处	铰处
剪力图	水平线	斜直线	$Q=0$ 处	有突变,突变值为 F	无变化	无影响
弯矩图	斜直线	抛物线	有极值	有尖角,尖角指向同 F	有突变,突变值为 M	$M=0$

4. 区段叠加法作弯矩图

区段叠加法绘制弯矩图是今后常用的一种简便作图方法。它适用于梁和刚架等结构,而且对以后利用图乘法计算结构位移也提供了便于计算的方法。

在利用区段叠加法绘制弯矩图时,常以简支梁的弯矩图作为基础(见图 3-4)。

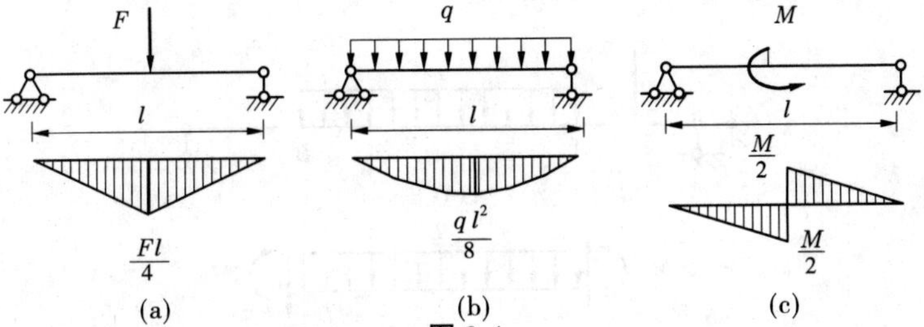

图 3-4

如图 3-5 所示,简支梁同时承受集中力和两端力偶的作用,可先分别绘出两端力偶 M_A、M_B 作用下及荷载 F 作用下的弯矩图[见图 3-5(a)、(b)、(c)],然后将其竖标叠加,即得所求弯矩图[见图 3-5(d)]。实际作图时,不必作出图 3-5(a)、(b)、(c),可直接作出图 3-5(d)。此方法是先将两端弯矩 M_A、M_B 绘出并连以直线(虚线),然后以此直线为基线,叠加简支梁在荷载 F 作用下的弯矩图。必须注意的是,这里所说的弯矩图的叠加,是指垂直于杆轴的弯矩竖标叠加(而不是垂直于图中虚线叠加)。

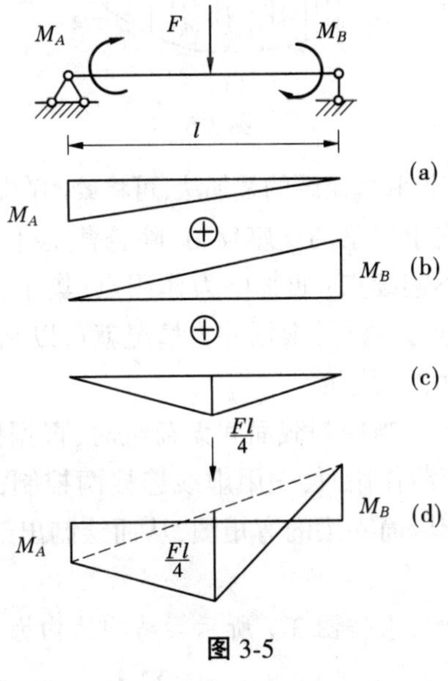

图 3-5

值得指出的是,上述叠加方法对直杆的任何区段都是适用的。如图 3-6(a)所示梁中的区段 AB,取出该梁段为隔离体,除荷载 q 外,两端还有弯矩 M_A、M_B 和剪力 Q_A、Q_B 的作用,如果把它与一个长度相等承受同样荷载 q,并在两端有力偶 M_A、M_B 作用的简支梁相比,在二者中分别用平衡条件求得剪力 Q_A、Q_B 及支座反力 F_A、F_B,则可知 $Q_A = F_A$, $Q_B = F_B$。由此可见,它们所受外力完全相同,因此二者的弯矩图相同,故可利用作简支梁弯矩图的方法来绘制直杆任一区段的弯矩图,从而也可采用区段叠加法作 M 图。这段梁的弯矩图就可以这样来绘制:先求出区段两端的弯矩竖标,并将这两端竖标的顶点用虚线相连;然后以此虚线为基线,将相应简支梁在均布荷载(或集中荷载)作用下的弯矩图叠加上去;则最后所得的图线与原定基线之间所包含的图形,即为实际的弯矩图。由于它是在梁内某一区段上的叠加,故称为区段叠加法。

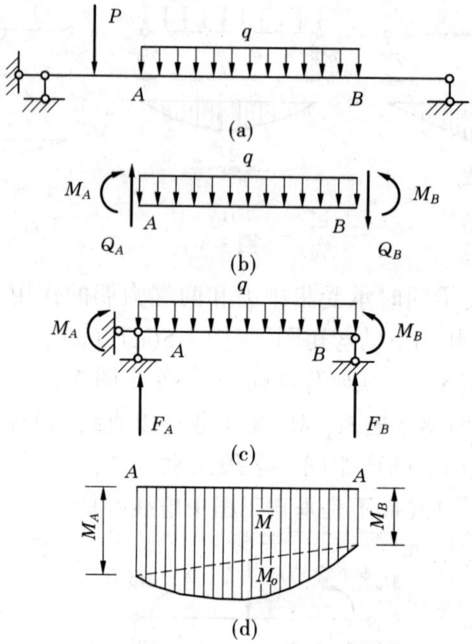

图 3-6

利用上述关于内力图的特性和弯矩图的叠加法,可将梁的弯矩图的一般做法归纳如下:

(1)求反力。一般应首先求出梁的支座反力,除悬臂梁外。

(2)分段。选定外力的不连续点(如集中力作用点、集中力偶作用点、分布荷载的起点和终点、支座处等)为分段点。这样,根据外力情况就可以判定各段梁的内力图形状。

(3)定点。求出控制截面的弯矩值。

(4)连线。分段画弯矩图。当控制截面间无荷载时,根据控制截面的弯矩值,连成直线弯矩图;当控制截面间有荷载作用时,先用虚线连接两控制面的弯矩值,然后以此虚直线为基线,再叠加上这段梁相应简支梁的弯矩图,从而绘制出最后的弯矩图。

(三)实例分析

例题 3-1 利用区段叠加法求作图 3-7 所示梁结构的内力图。

解:(1)计算支座反力。取全梁为隔离体,由 $\sum M_A = 0$,即 $F_B \times 8 - 8 \times 1 - 4 \times 4 \times 4 + 16 = 0$,可得:$F_B = 7$ kN。

由 $\sum M_B = 0$,即 $-F_A \times 8 + 8 \times 7 + 4 \times 4 \times 4 + 16 = 0$,可得:$F_A = 17$ kN。

(2)绘制弯矩图时,用截面法算出下列各控制截面的弯矩值为:$M_A = 0, M_B = 0, M_D = 26$ kN·m,$M_F = 30$ kN·m。

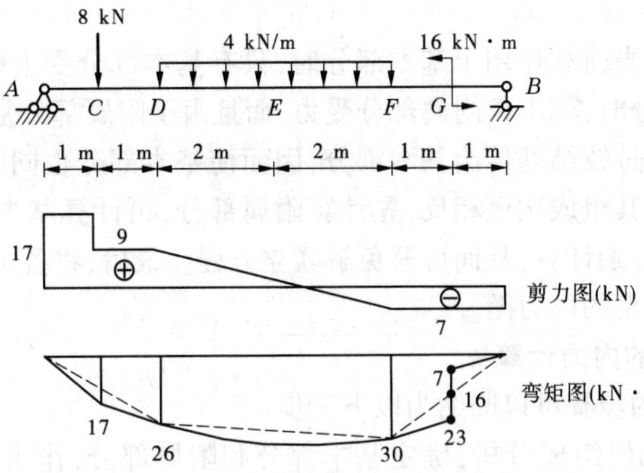

图 3-7

(3)作内力图。将 M_A、M_B、M_D、M_F 的值按比例画在图上,并连以直线(称为基线);对 *AD*、*DF*、*FB* 段,再叠加相应简支梁在杆间荷载作用下的 *M* 图即可。绘制剪力图如图 3-7 所示。

二、多跨静定梁

多跨静定梁是由若干单跨梁用铰连结而成的静定结构,此种结构多用于桥梁(见图 3-8),房屋建筑中的檩条有时也采用这种形式。

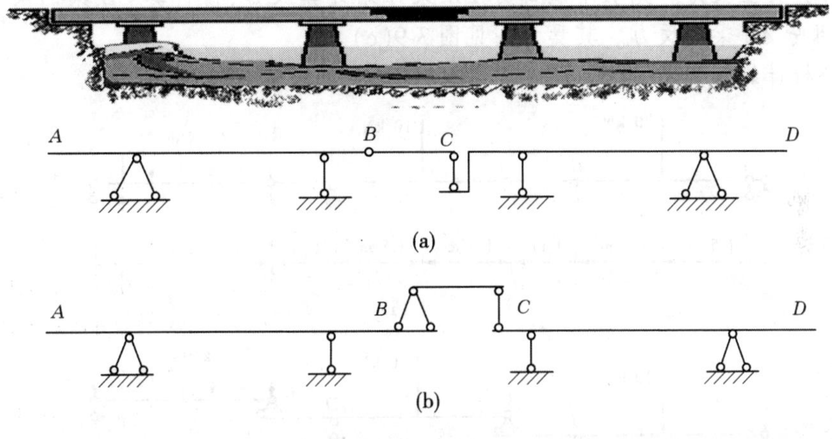

图 3-8

(一)多跨静定梁的几何组成、层次图及计算顺序

从几何组成来看,多跨静定梁的各部分可以区分为基本部分和附属部分,就图 3-8(b)而言,梁 *AB* 是不依赖其他部分的存在,独立地与基础组成一个几何不变体系,称其为基本部分;梁 *CD* 因其在竖向荷载作用下仍能独立地维持平衡,故在竖向荷载作用时也可将其当作基本部分;而梁 *BC* 则需依靠基本部分才能维持其几何不变性,故称其为附属部分。

码 3-1　多跨静定梁的组成

多跨梁的组成次序是先固定基本部分,然后再固定附属部分,因此若附属部分被破坏或拆除,整个基本部分仍为几何不变的;反之,若基本部分被破坏,则其附属部分的几何不变性也连同遭到破坏。它们之间的依存关系由图 3-8(b)表示,这种图称为层次图。

从受力情况来看，当荷载作用于基本部分时，只有基本部分受力而附属部分不受力。当荷载作用于附属部分时，则不仅附属部分受力，而且由于附属部分是支承在基本部分之上的，其荷载效应将通过铰结处传给基本部分，因而使基本部分也同时受力。因此，在计算多跨静定梁时，应与其组成次序相反，先计算附属部分，再计算基本部分。多跨静定梁可以分成若干单跨梁分别计算，从而可避免解联立方程。最后，将各单跨静定梁的内力图连在一起，即得到多跨梁的内力图。

（二）多跨静定梁的内力计算

计算多跨静定梁的步骤可以归纳为以下三步：

(1)对结构进行几何组成分析，确定基本部分和附属部分，作出层次图。

(2)根据层次图，从上层向下层依次取研究对象，计算各梁的约束反力。

(3)按照各单跨静定梁的内力图连在一起即多跨静定梁的内力图。

码 3-2　多跨静定梁内力图绘制例题

（三）实例分析

例题 3-2　试作图 3-9(a)所示多跨静定梁的内力图。

解：(1)作组成层次图[见图 3-9(b)]。

(2)计算支座反力。先从附属部分 *EF* 梁开始计算反力，再计算 *CE* 梁的反力，最后计算基本部分 *AC* 梁的反力。其受力图见图 3-9(c)。

(3)分析计算弯矩图[见图 3-9(d)]、剪力图[见图 3-9(e)]。

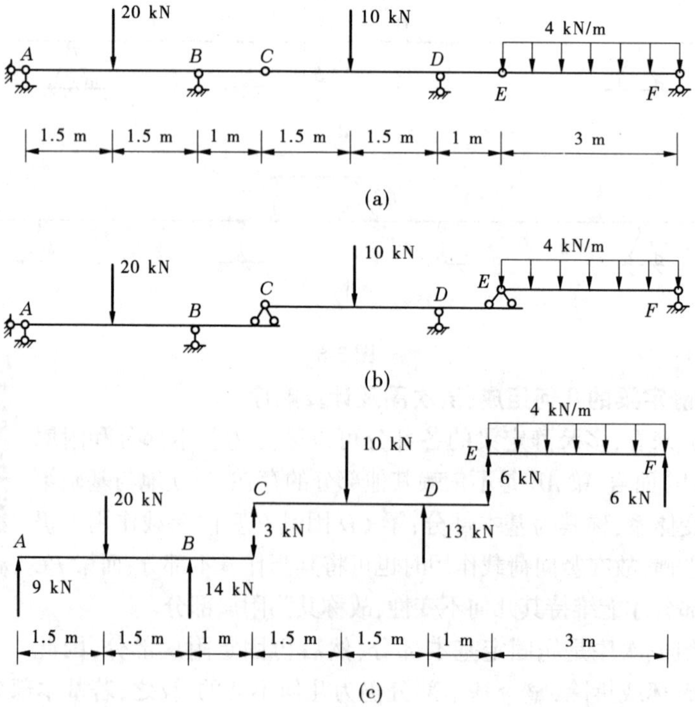

图 3-9

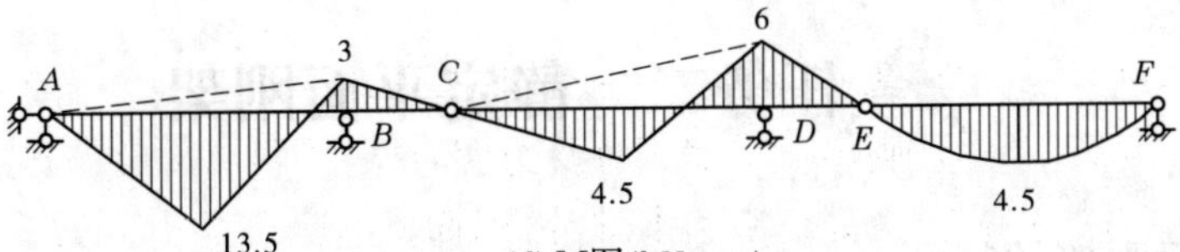

(d)M图(kN · m)

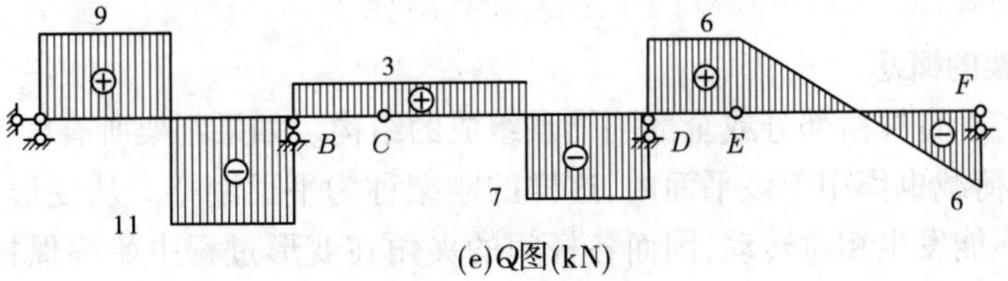

(e)Q图(kN)

续图 3-9

例题 3-3　试作图 3-10(a)所示多跨静定梁的内力图。

解:(1)作组成层次图[见图 3-10(b)]。

(2)计算支座反力。先从附属部分 CD 梁开始计算反力,再计算基本部分 AC 梁的反力[见图 3-9(b)]。

(3)分析计算弯矩图[见图 3-10(c)]、剪力图[见图 3-10(d)]。

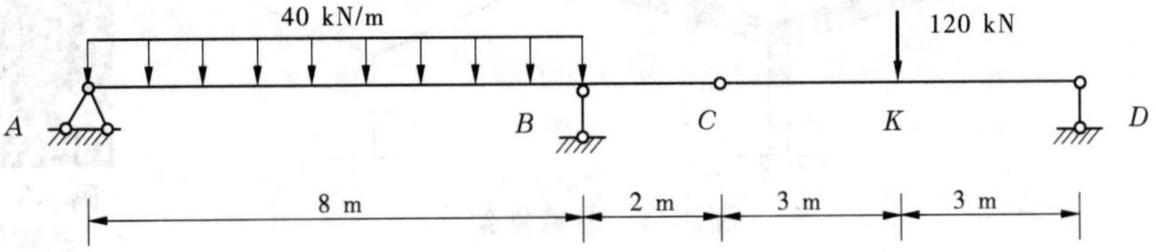

(a)

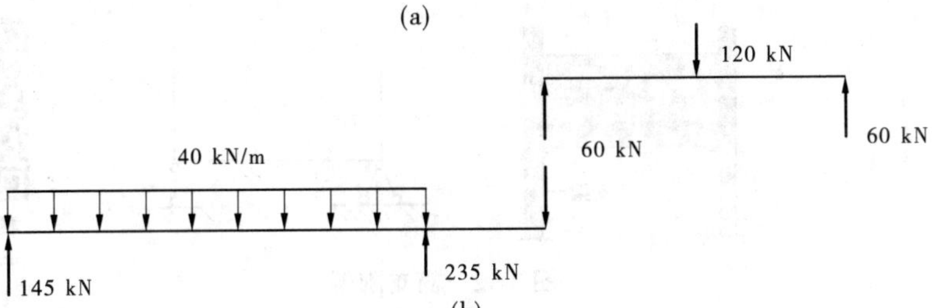

(b)

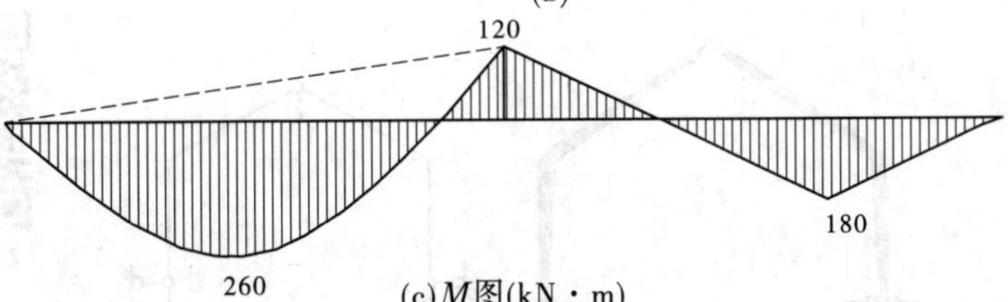

(c)M图(kN · m)

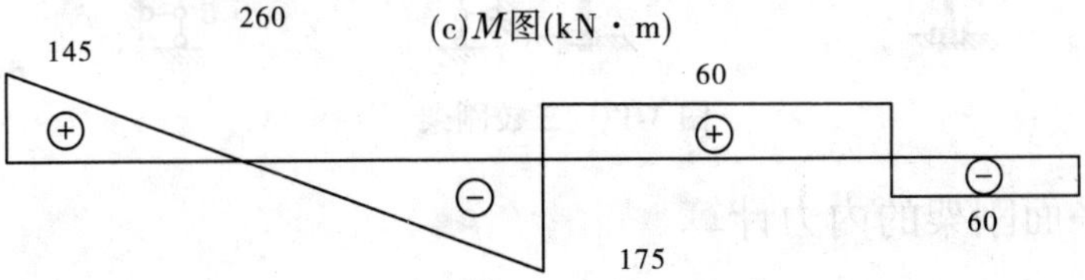

(d)Q图(kN)

图 3-10

任务二　静定平面刚架

一、平面刚架的特征

(一)刚架的概念

刚架是若干直杆由部分或全部刚结点组成的结构。如果刚架所有杆件的轴线都在同一平面内,且荷载也作用于该平面内,这样的刚架称为平面刚架。从变形角度来看,在刚结点处各杆不能发生相对转动,因而各杆间的夹角在变形过程中始终保持不变。从受力角度来看,刚结点可以承受和传递弯矩。刚架的优点是结构具有较大的刚度,内力分布较均匀。此外,它还具有较大的净空间便于使用。

(二)刚架的基本形式

静定平面刚架常见的类型有悬臂刚架(见图 3-11)、简支刚架(见图 3-12)、三铰刚架(见图 3-13)及组合刚架等。静定刚架虽然在建筑工程中应用不如超静定刚架那样广泛,但它的受力分析方法是超静定刚架分析的基础。

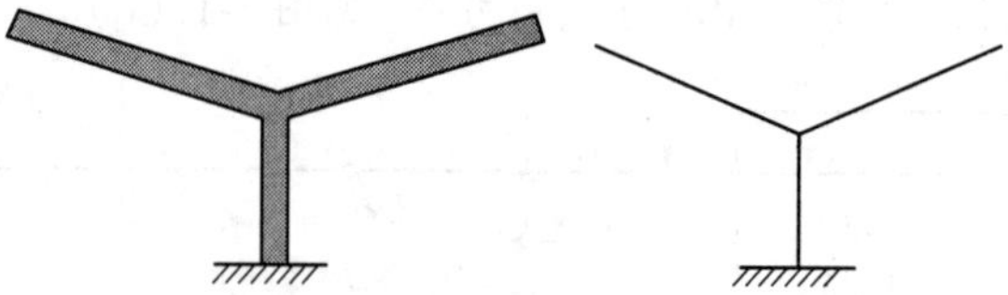

图 3-11　悬臂刚架

码 3-3　刚架基本知识

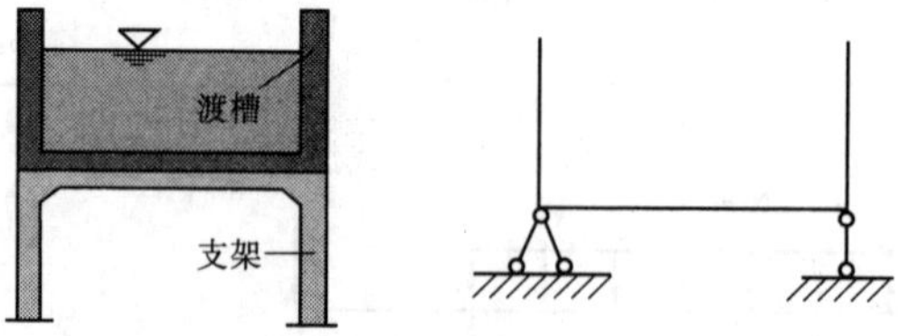

图 3-12　简支刚架

码 3-4　静定平面刚架杆端截面内力的分析

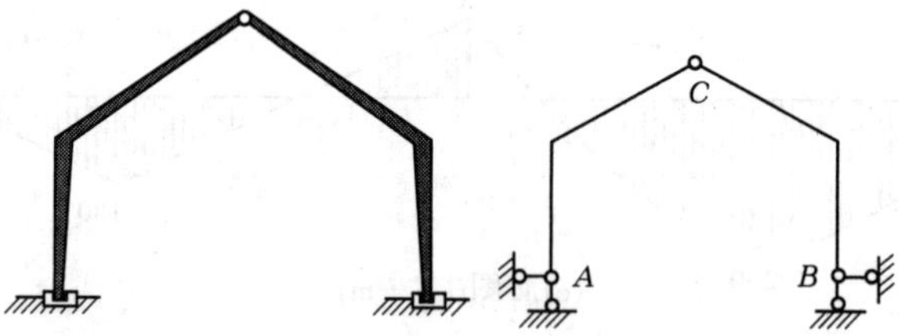

图 3-13　三铰刚架

码 3-5　静定平面刚架内力图的绘制

二、静定平面刚架的内力计算

(一)杆端截面内力的表示方法

由于刚架在刚结点处联结了多个杆件的杆端截面,因此刚架的杆端截面内力用两个下标字母来表示,第一个下标字母表示杆件截面所在的杆端,第二个下标字母表示截面所属杆件的另一端。如 M_{AB} 表示 AB 杆 A 端截面弯矩。

(二)内力图绘制

在刚架内力分析中,弯矩图规定画在杆件受拉的一侧,图中不注正负号。轴力和剪力的正负号规定与梁相同,而轴力图和剪力图可以画在杆件的任意一侧,但必须注明正负号。

(三)计算刚架内力步骤

计算刚架内力的步骤如下:

(1)首先计算支座反力,一般支座反力只有三个,由平衡方程求得。三铰刚架支座反力有四个,须建立补充方程。

(2)按"分段、定点、连线"的方法,逐个杆绘制内力图。

三、实例分析

例题 3-4 试作图 3-14 所示静定刚架的内力图。

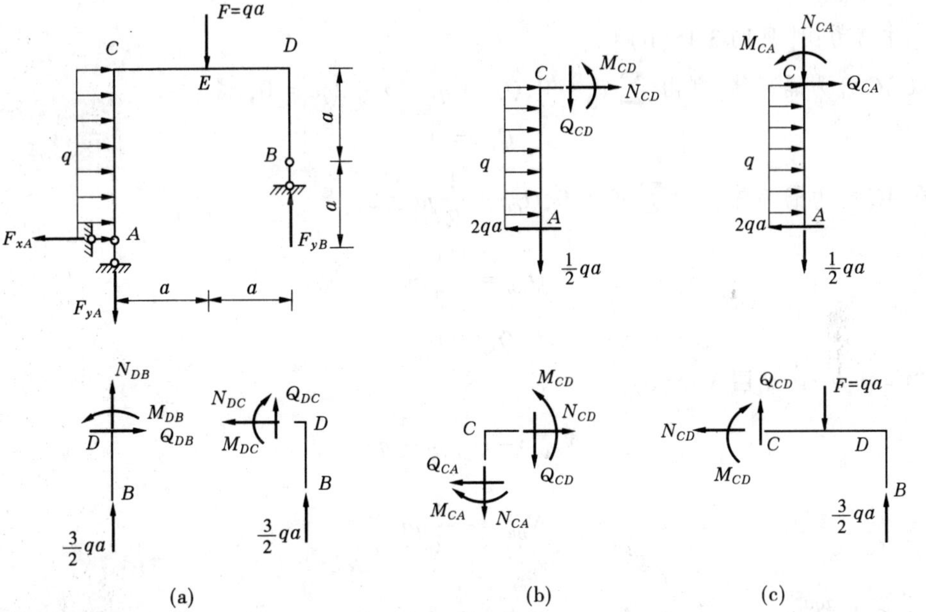

图 3-14

解:(1)求支座反力。

由 $\sum F_x = 0, -F_{xA} + q \cdot 2a = 0$, 得

$$F_{xA} = 2qa$$

由 $\sum M_A = 0, 2qa \cdot a + F \cdot a - F_{yB} \cdot 2a = 0$, 得

$$F_{yB} = \frac{1}{2a}(2qa^2 + qa^2) = \frac{3}{2}qa\ (\uparrow)$$

由 $\sum M_B = 0, 2qa \cdot 0 - F \cdot a - F_{yA}2a + F_{xA} \cdot a = 0$，得

$$F_{yA} = \frac{1}{2a}(2qa^2 - qa^2) = \frac{1}{2}qa\ (\downarrow)$$

(2)求各杆端截面的内力。

①作弯矩图[见图 3-15(a)]。

计算杆端截面弯矩，取杆件 AC 为隔离体，则 $M_{AC}=0$。

由 $\sum M_C = 0, M_{CA} - 2qa \cdot 2a + q \cdot (2a) \cdot a = 0$，得

$$M_{CA} = 2qa^2\ (\text{右侧受拉})$$

由 $\sum M_C = 0, M_{CD} - 2qa \cdot 2a + q \cdot (2a) \cdot a = 0$，得

$$M_{CD} = 2qa^2\ (\text{下侧受拉})$$

取 BD 杆为隔离体，则 $M_{BD} = 0, M_{DB} = 0, M_{DC} = 0$。

关键点：求出各杆端(各杆与结点的连结处)截面的内力，求内力的方法与梁的内力计算方法相同。

②作剪力图[见图 3-15(b)]。

取 AC 杆为隔离体，则由 $\sum F_x = 0, Q_{CA} + q \cdot 2a - 2qa = 0$，得

$$Q_{CA} = 0$$

取 AC 杆为隔离体，由 $\sum F_y = 0, Q_{CD} + \frac{1}{2}qa = 0$，得

$$Q_{CD} = -\frac{1}{2}qa$$

$$Q_{BD} = 0$$

③作轴力图[见图 3-15(c)]。

$$N_{CA} = -Q_{CD} = \frac{1}{2}qa$$

$$N_{DB} = -\frac{3}{2}qa$$

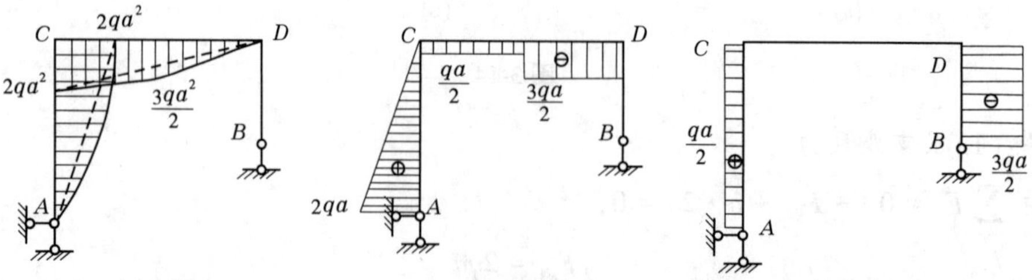

图 3-15

④内力图的校核。

由内力图的外观来校核：杆上无分布荷载时，Q 图为水平直线，M 图为斜直线；杆上有分布荷载时，Q 图为斜直线，M 图为二次抛物线。Q 图为 0 的截面，M 为极值。杆上集中荷载作用的截面，Q 图上有突变，M 图上有折弯。根据这些特征来检查，本题的 M 图、Q 图均无误。

取 C 结点部分为隔离体，则

$$N_{CD} - Q_{CA} = 0$$

$$Q_{CD} + N_{CA} = 0$$

$$M_{CD} - M_{CA} = 0$$

由平衡条件 $\sum F_x = 0$、$\sum F_y = 0$、$\sum M_O = 0$，检查均满足要求，故计算无误。

例题 3-5　试作图 3-16 所示静定刚架的内力图。

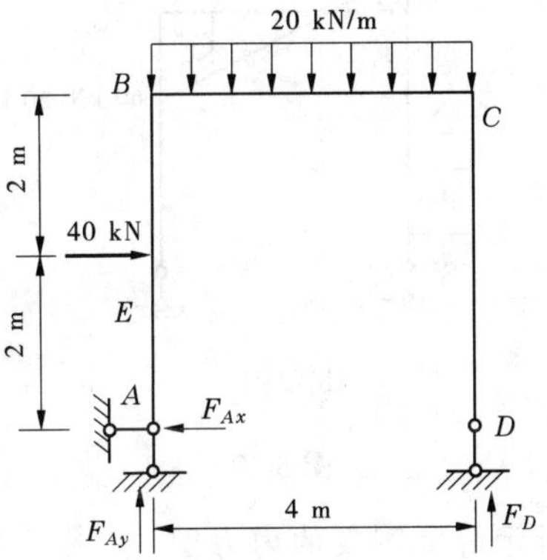

图 3-16

解：(1) 求支座 A、B 的反力。

$$F_{Ax} = 40\ \text{kN}$$

由 $F_D \times 4 - 20 \times 4 \times 2 - 40 \times 2 = 0$、$F_{Ay} + F_D - 20 \times 4 = 0$，得

$$F_D = 60(\text{kN})$$

$$F_{Ay} = 20(\text{kN})$$

(2) 计算杆端弯矩，作弯矩图。

$$M_{AB} = 0$$

$$M_{BA} = 60 \times 4 - 20 \times 4 \times 2 = 80(\text{kN} \cdot \text{m})\text{（右侧受拉）}$$

$$M_{BC} = M_{BA} = 80(\text{kN} \cdot \text{m})\text{（下侧受拉）}$$

$$M_{CB} = 0$$

根据叠加法可知：$M_E = \dfrac{80}{2} + \dfrac{40 \times 4}{4} = 80(\text{kN} \cdot \text{m})$（右侧受拉）

根据刚架各杆端弯矩，利用叠加法可作出弯矩图[见图 3-17(a)]。

(3) 计算杆端剪力，作剪力图。

$Q_{AB} = F_{Ax} = 40\ \text{kN}$

$Q_{BA}=F_{Ax}-40=0$

$Q_{BC}=F_{Ay}=+20\ \text{kN}$

$Q_{CB}=-F_D=-60\ \text{kN}$

$Q_{CD}=Q_{DC}=0$

根据刚架各杆端剪力,可作出剪力图[见图3-17(b)]。

(4)计算杆端轴力,作轴力图。

$N_{AB}=N_{BA}=-F_{Ay}=-20\ \text{kN}$

$N_{CB}=N_{BC}=0$

$N_{DC}=N_{CD}=-F_D=-60\ \text{kN}$

根据刚架各杆端轴力,可作出轴力图[见图3-17(c)]。

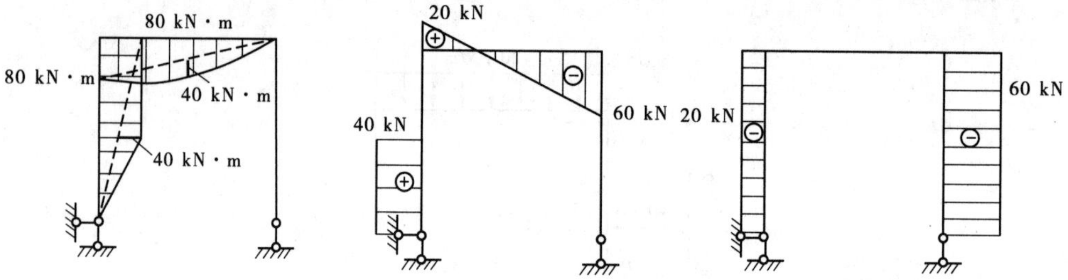

(a) M图　　(b) Q图　　(c) N图

图3-17

例题3-6　试作图3-18所示静定刚架的内力图。

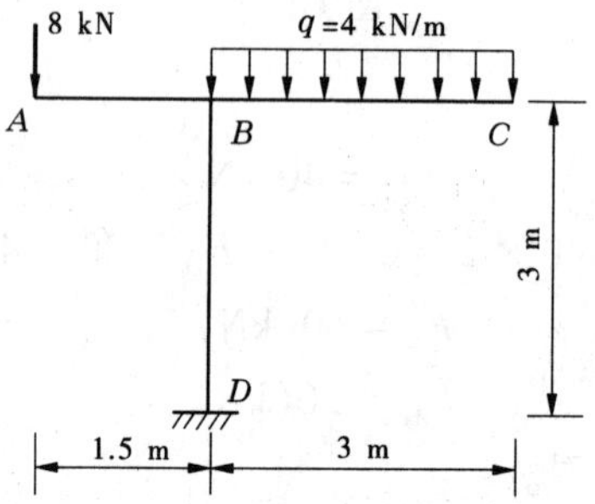

图3-18

解:作悬臂刚架的内力图时,不需要求约束力。计算控制截面的内力时均取自由端一侧为隔离体。图3-18所示的悬臂刚架由三根杆件组成,需分别求出这三根杆件杆端截面的内力。

(1)计算杆端弯矩,作弯矩图。

$M_{AB}=0$

$M_{BA}=8\times1.5=12(\text{kN}\cdot\text{m})$(上侧受拉)

$M_{BC}=4\times3\times1.5=18(\text{kN}\cdot\text{m})$(上侧受拉)

$M_{CB} = 0$

$M_{DB} = M_{BD} = 4 \times 3 \times 1.5 - 8 \times 1.5 = 6(\text{kN} \cdot \text{m})$(左侧受拉)

根据刚架各杆端弯矩,利用叠加法可作出弯矩图[见图 3-19(a)]。

(2)计算杆端剪力,作剪力图。

$Q_{AB} = Q_{BA} = -8(\text{kN})$

$Q_{BC} = 4 \times 3 = 12(\text{kN})$

$Q_{CB} = 0$

$Q_{BD} = Q_{DB} = 0$

根据刚架各杆端剪力,可作出剪力图[见图 3-19(b)]。

(3)计算杆端轴力,作轴力图。

$N_{AB} = N_{BA} = 0$

$N_{CB} = N_{BC} = 0$

$N_{DB} = N_{BD} = -(8 + 4 \times 3) = -20(\text{kN})$

根据刚架各杆端轴力,可作出轴力图[见图 3-19(c)]。

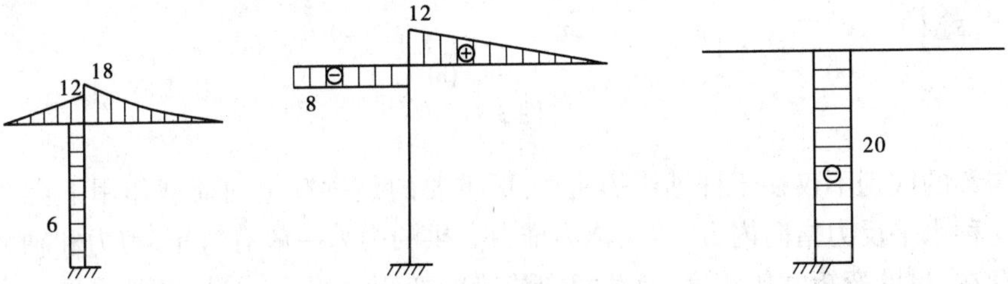

(a)M图(kN · m)　(b)Q图(kN)　(c)N图(kN)

图 3-19

任务三　静定拱

一、工程实例

拱式结构是应用较广泛的工程结构形式之一。我国远在古代时就在桥梁和房屋建筑中采用了拱式结构。例如,隋代建成的赵州桥以 37.02 m 的跨径保持了近 10 个世纪的世界纪录。在近代土木工程中,拱是桥梁、隧道及屋盖中的重要结构形式之一。图 3-20(a)为 1966 年竣工通车的永定河七号桥,是跨度 150 m 的预应力混凝土空腹式拱桥。图 3-20(b)为 2020 年正式建成通车的广西平南三桥,大桥全长 1 035 m,主桥跨径 575 m,桥面宽 36.5 m,设双向四车道。该大桥的多项施工技术填补了世界拱桥技术的空白。

码 3-6　拱桥案例

二、拱的概述

拱是轴线(截面形心的连线)为曲线并且在竖向荷载作用下会产生水平反力的结构。

拱常用的形式有三铰拱、两铰拱和无铰拱[见图 3-21(a)、(b)、(c)]等几种。其中,三铰拱是静定的,后两种都是超静定的。本任务只讨论静定拱。

(a)永定河七号桥

(b)广西平南三桥

图 3-20

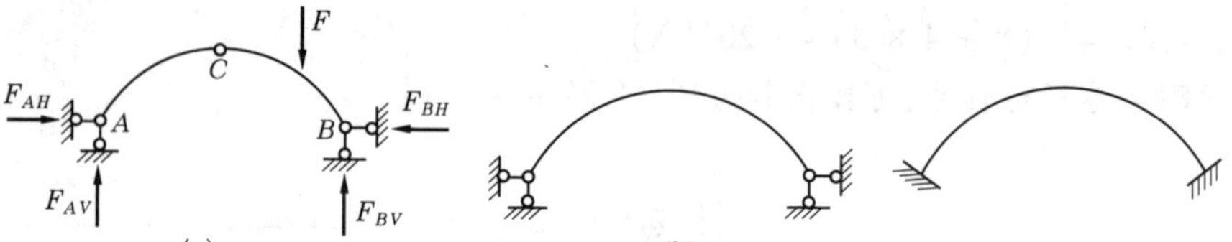

(a) (b) (c)

图 3-21

拱与梁的区别不仅在于杆轴线的曲直,更重要的是拱在竖向荷载作用下会产生水平反力。这种水平反力指向内方,故又称为推力。拱的内力一般有弯矩、剪力和轴力。由于推力的存在,拱的弯矩常比跨度、荷载相同的梁的弯矩小得多,并且主要承受压力。这就使得拱截面上的应力分布较为均匀,因而更能发挥材料的作用,并可利用抗拉性能较差而抗压较强的材料如砖、石、混凝土等来建造,这是拱的主要优点。拱的主要缺点也正在于支座要承受水平推力,因而要求比梁具有更坚固的地基或支承结构(墙、柱、墩、台等)。由此可见,推力的存在与否是区别拱与梁的主要标志。凡在竖向荷载作用下会产生水平反力的结构都可称为拱式结构或推力结构。例如,三铰刚架、拱式桁架等均属此类结构。

有时,在拱的两支座间设置拉杆来代替支座承受水平推力,使其成为带拉杆的拱[见图 3-22(a)]。这样一来,拉杆内产生的拉力代替了支座推力的作用,在竖向荷载作用下支座就只产生竖向反力,从而消除了推力对支承结构的影响。为了使拱下获得较大的净空,有时也将拉杆做成折线形的[见图 3-22(b)]。

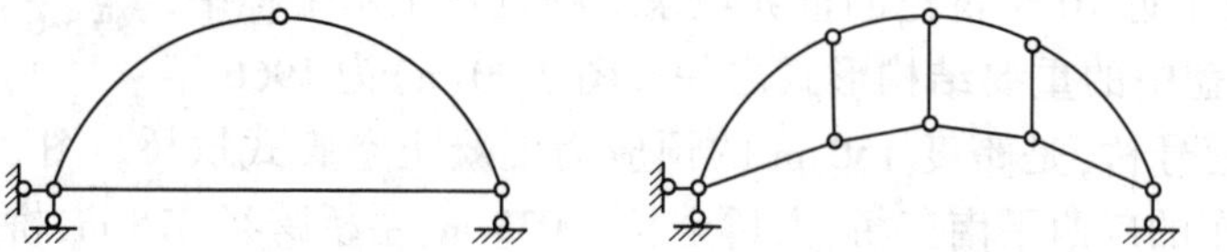

(a) (b)

图 3-22

码 3-7 拱的基本概念

拱的各部分名称如图 3-23 所示。拱身各截面形心的连线称为拱轴线；拱的两端支座处称为拱趾；两拱趾之间的水平距离称为拱的跨度；连接两拱趾的直线称为起拱线；拱轴线上最高点称为拱顶；由拱顶到起拱线的竖直距离 f 称为拱高；拱高 f 与跨度 l 之比 f/l 称为拱的高跨比(矢跨比)，它是影响拱受力性能的主要几何参数。工程实际中，高跨比为 1/10~1。两拱趾在同一水平线上的拱称为平拱，不在同一条水平线上的拱称为斜拱。

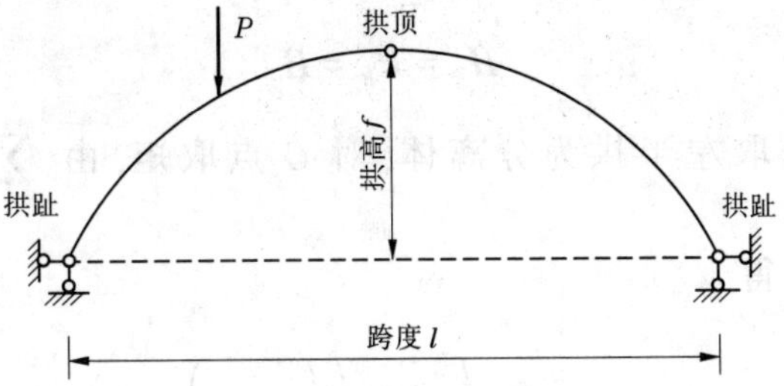

图 3-23

三、三铰拱的计算

因三铰拱是静定结构，其全部约束反力和内力可由平衡条件来确定。现在我们讨论在竖向荷载作用下三铰拱的反力和内力的计算方法，并将同跨度、同荷载的拱与梁加以比较，用以说明拱的受力特性。

(一)支座反力计算

图 3-24(a)所示三铰拱，有四个支座反力，求解时需要四个方程。拱的整体有三个平衡方程，此外还须取左(或右)半拱为分离体，利用铰 C 处的弯矩应为 0 的条件建立一个平衡方程。

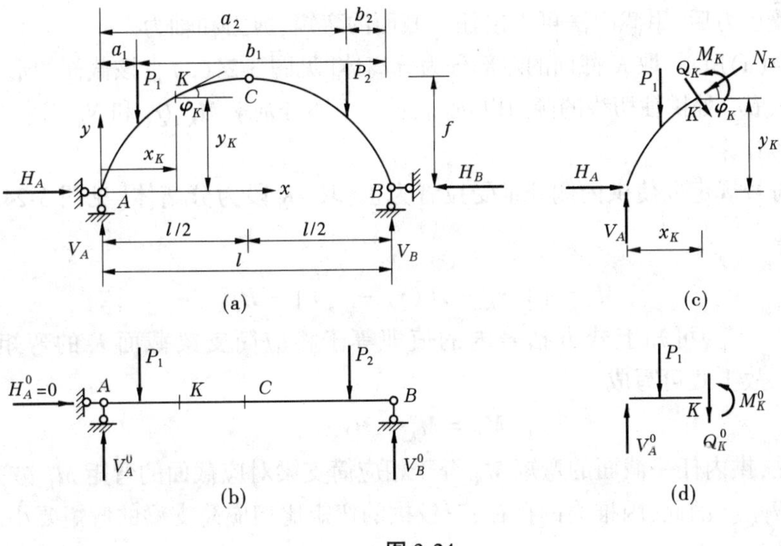

图 3-24

考虑拱的整体平衡，由 $\sum M_B = 0$ 和 $\sum M_A = 0$，可求出拱的竖向反力：

$$V_A = \frac{1}{l}(P_1 b_1 + P_2 b_2) \tag{3-1}$$

$$V_B = \frac{1}{l}(P_1 a_1 + P_2 a_2) \tag{3-2}$$

由 $\sum F_x = 0$，得

$$H_A = H_B = H$$

为了求推力 H，取左半拱为分离体，对 C 点取矩，由 $\sum M_C = 0$ 和 $V_A \frac{l}{2} - P_1\left(\frac{l}{2} - a_1\right) - Hf = 0$，得

$$H = \frac{V_A \frac{l}{2} - P_1\left(\frac{l}{2} - a_1\right)}{f} \tag{3-3}$$

由式(3-1)和式(3-2)右边可知，其恰等于图 3-24(b)所示的相应简支梁(跨度、荷载均与三铰拱相同的简支梁)的支座竖向反力 V_A^0 和 V_B^0。而式(3-3)右边的分子恰等于相应简支梁上与拱的中间铰处对应的截面 C 的弯矩 M_C^0。因此，以上各式可写为

$$V_A = V_A^0, V_B = V_B^0, H = \frac{M_C^0}{f} \tag{3-4}$$

由式(3-4)的第三式可知，推力 H 与拱轴形状无关，当荷载及跨度不变时，推力 H 与拱高 f 成反比，拱愈低，推力愈大，若 $f = 0$，则 $H = \infty$，此时 A、B、C 三铰在一条直线上，已成为瞬变体系。

(二)内力计算

求得支座反力后，用截面法可求出任一截面的弯矩、剪力和轴力。

如图 3-24(a)所示，取 K 截面的左部分为分离体[见图 3-24(c)]，该截面的形心坐标以 x_K、y_K 表示，该形心处拱轴切线的倾角以 φ_K 表示。下面分别求 M_K、Q_K 和 N_K 三个内力分量。

1. 弯矩的计算

弯矩的符号规定以使拱内侧纤维受拉者为正，取 AK 段为分离体[见图 3-24(c)]，由 $\sum M_K = 0$ 得

$$M_K = [V_A x_K - P_1(x_K - a_1)] - H y_K$$

根据 $V_A = V_A^0$，可知上式方括号内的值即等于相应简支梁截面 K 的弯矩 M_K^0[见图 3-24(d)]，故上式可写成

$$M_K = M_K^0 - H y_K \tag{3-5}$$

由此可见，拱内任一截面的弯矩 M_K 等于相应简支梁对应截面的弯矩 M_K^0 减去推力所引起的弯矩 $H y_K$。因此，因推力的存在，三铰拱的弯矩比相应简支梁的弯矩要小。

2. 剪力的计算

剪力的符号仍规定使所取分离体顺时针方向转动为正，逆时针方向转动为负。任一

截面 K 的剪力等于该截面一侧所有外力在该截面处拱轴的法线上投影的代数和,即

$$Q_K = (V_A - P_1)\cos\varphi_K - H\sin\varphi_K$$

上式圆括号内之值 $(V_A - P_1)$ 是相应简支梁截面 K 的剪力 Q_K^0 ,故上式可写为

$$Q_K = Q_K^0\cos\varphi_K - H\sin\varphi_K \tag{3-6}$$

应用式(3-6)时,应注意 φ_K 的符号,它在图 3-24(a)所示坐标系中左半拱取正,右半拱取负。

3. 轴力的计算

拱式结构主要是受压,其轴力的符号规定以压力为正。任一截面 K 的轴力等于该截面一侧所有外力在该截面处拱轴的切线上投影的代数和,即

$$N_K = (V_A - P_1)\sin\varphi_K + H\cos\varphi_K$$

上式可写为

$$N_K = Q_K^0\sin\varphi_K + H\cos\varphi_K \tag{3-7}$$

式中:φ_K 的符号规定与前述相同。

例题 3-7 试作图 3-25(a)所示三铰拱的内力图。拱轴为一抛物线,当坐标原点选在左支座时,它的方程为 $y = \dfrac{4f}{l^2}(l - x)x$ 。

解:(1)先求支座反力,由式(3-4)得

$$V_A = V_A^0 = \frac{100 \times 9 + 20 \times 6 \times 3}{12} = 105(\text{kN})$$

$$V_B = V_B^0 = \frac{100 \times 3 + 20 \times 6 \times 9}{12} = 115(\text{kN})$$

$$H = \frac{M_C^0}{f} = \frac{105 \times 6 - 100 \times 3}{4} = 82.5(\text{kN})$$

(2)为方便作图,通常把拱跨分为若干等份。本例为说明计算过程,仅取 8 等份,分别计算各等分点处截面上的内力值。若力突变点不在等分截面上,还要计算该点的内力值。另外,有必要时还应计算最大内力及其截面位置。现以距左支座 3 m 处的截面 2 为例,说明内力的计算方法。当 $x=3$ m 时,该处的 y 值及 φ 值为

$$y_2 = \frac{4f}{l^2}(l - x)x = \frac{4 \times 4}{12^2} \times (12 - 3) \times 3 = 3(\text{m})$$

$$\tan\varphi_2 = \frac{\mathrm{d}y}{\mathrm{d}x}\Big|_{x=3} = \frac{4f}{l}\left(1 - \frac{2x}{l}\right) = \frac{4 \times 4}{12} \times \left(1 - \frac{2 \times 3}{12}\right) = 0.667$$

$$\varphi_2 = 33°42' \quad \sin\varphi_2 = 0.555 \quad \cos\varphi_2 = 0.832$$

求弯矩得:$M_2 = M_2^0 - Hy_2 = 105 \times 3 - 82.5 \times 3 = 67.5\ (\text{kN} \cdot \text{m})$

(3)求剪力。由于 2 点处有集中力作用,分成左右截面计算剪力和轴力,由式(3-6)可知截面 2 的剪力为

$$\begin{aligned} Q_2^{左} &= Q_2^{0左}\cos\varphi_2 - H\sin\varphi_2 \\ &= 105 \times 0.832 - 82.5 \times 0.555 = 41.6\ (\text{kN}) \end{aligned}$$

$$Q_2^{右} = Q_2^{0右}\cos\varphi_2 - H\sin\varphi_2$$
$$= (105 - 100) \times 0.832 - 82.5 \times 0.555 = -41.6\ (\text{kN})$$

(4)求轴力。

$$N_2^{左} = Q_2^{0左}\sin\varphi_2 + H\cos\varphi_2$$
$$= 105 \times 0.555 + 82.5 \times 0.832 = 126.9(\text{kN})$$
$$N_2^{右} = Q_2^{0右}\sin\varphi_2 + H\cos\varphi_2$$
$$= (105 - 100) \times 0.555 + 82.5 \times 0.832 = 71.4(\text{kN})$$

其他各截面的内力计算与上述相同,一般列表计算,此题从略。*M* 图、*Q* 图及 *N* 图分别见图 3-25(b)、(c)、(d)。

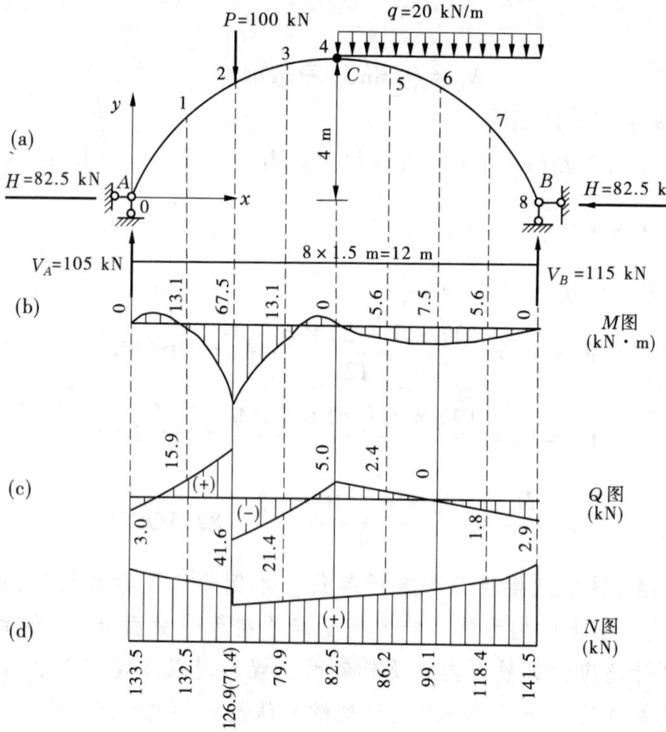

图 3-25

四、三铰拱的压力线和合理拱轴线

(一)压力线的概念

如果三铰拱中某截面 *K* 右边(或左边)所有外力的合力 R_K 已经确定[见图 3-26(b)],则由此合力 R_K 可进一步确定该截面的弯矩、剪力和轴力,即

$$M_K = R_K \cdot r_K, Q_K = R_K \cdot \sin\alpha, N_K = R_K \cdot \cos\alpha \tag{3-8}$$

式中:r_K 为由截面形心到合力 R_K 的垂直距离;α 为合力 R_K 与 *K* 点拱轴切线的夹角。

由此看来,如果 R_K 的大小、方向和作用点已知,则截面 *K* 的内力可求。

由于拱截面上轴力多为压力,故截面上的合力亦为压力,将所有截面合力的作用点连接起来,成为一条折线或曲线,就称为拱的压力线。如图 3-26(a)所示的折线,便是三铰拱 ACB 在此特定荷载下的压力线。压力线在砖石及混凝土拱的设计中是很重要的概念。由于这些材料的抗拉强度低,通常要求截面上不出现拉应力。因此,压力线不应超出截面的核心。如拱的截面为矩形,因矩形截面的截面核心高度为截面高度 1/3,故压力线不应超过截面三等分的中段范围。

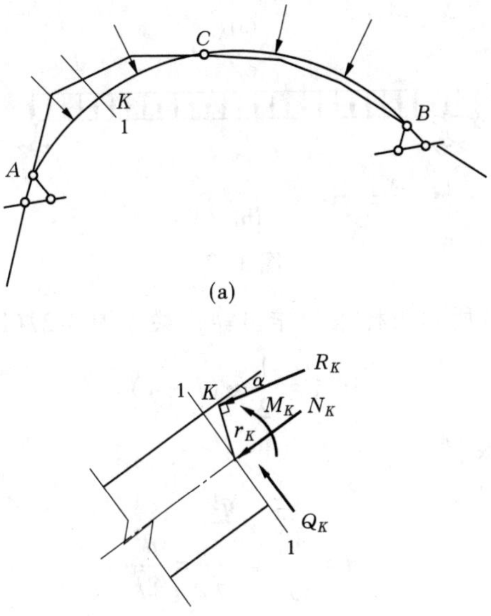

图 3-26

(二)三铰拱的合理拱轴线

受弯构件截面应力不均匀,造成靠近截面中性轴处的材料浪费。对于三铰拱,弯矩、剪力值较小,轴力较大,受力趋于合理。但能否针对某种荷载调整拱轴线的形状,使拱仅受轴力而不受弯矩呢?答案是肯定的。把某种荷载作用下拱所有截面上弯矩为 0 时的拱轴线称为合理拱轴线。合理拱轴线随荷载的变化而改变,荷载一定时,从理论上可求出其对应的拱轴线。

当拱轴为合理拱轴线时,拱任一截面处弯矩为 0,故根据式(3-5)有

$$M_{(x)} = M^0_{(x)} - Hy = 0$$

由此得

$$y = \frac{M^0_{(x)}}{H} \tag{3-9}$$

由式(3-9)可知,合理拱轴线的纵坐标是与等代梁的弯矩竖标成比例的。当拱上所受荷载已知时,只需求出等代梁的弯矩方程,然后除以推力 H 值,便得到拱的合理拱轴线表达式。

例题 3-8　试求图 3-27(a)所示三铰拱在竖向均布荷载 q 作用下的合理拱轴线。

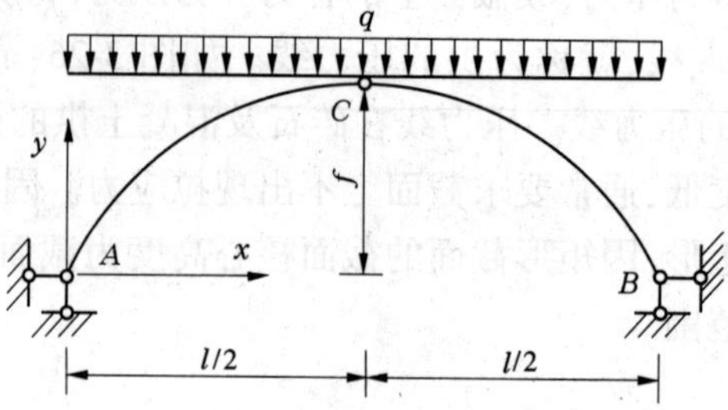

(a)

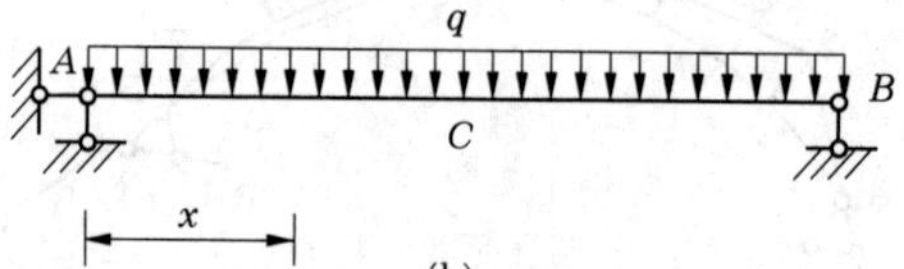

(b)

图 3-27

解:建立如图 3-27(a)所示坐标系。作出等代梁如图 3-27(b)所示,其弯矩方程为

$$M^0_{(x)}=\frac{1}{2}qx(l-x)$$

水平推力由式(3-5)求得:

$$H=\frac{M^0_C}{f}=\frac{\frac{ql^2}{8}}{f}=\frac{ql^2}{8f}$$

于是由式(3-9)得到拱的合理拱轴线方程为

$$y=\frac{\frac{1}{2}qx(l-x)}{\frac{ql^2}{8f}}=\frac{4f}{l^2}x(l-x)$$

由此可见,在竖向均布荷载作用下,三铰拱的合理拱轴线是二次抛物线。

需要注意的是,三铰拱的合理拱轴线只有对已知的固定荷载才能确定,对可动荷载并不能得到真正的合理拱轴线,而只能使拱轴线相对合理些,以使拱内弯矩尽可能小些。

任务四　静定平面桁架

一、概述

桁架是由若干直杆在其两端用铰连接而成,承受结点力作用的结构,常用于建筑工程中的屋架、桥梁、建筑施工用的支架等。

图 3-28(a)所示为某钢结构桥梁的示意图,图 3-28(b)所示为计算简图。

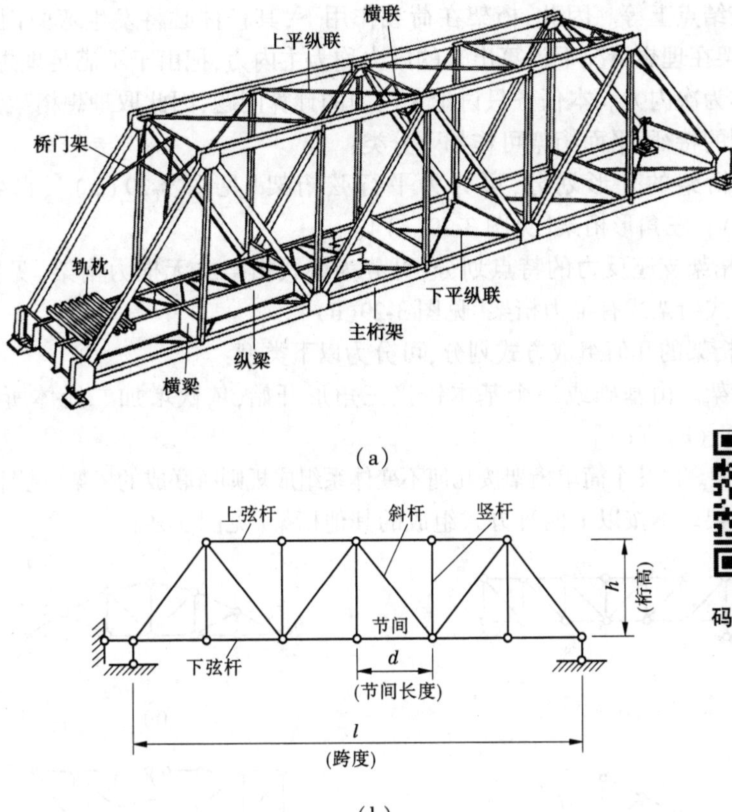

图 3-28

码 3-8　桁架的基本概念

桁架的杆件,依据其所在位置的不同,可分为弦杆和腹杆两大类,弦杆是指桁架上下边缘的杆件,上边缘的杆件称为上弦杆,下边缘的杆件称为下弦杆。桁架上弦杆和下弦杆之间的杆件称为腹杆。腹杆又分为竖杆和斜杆。弦杆上两相邻结点之间称为节间,其间距 d 称为节间长度。

实际桁架,其结构和受力都比较复杂。在分析桁架的内力时,必须抓住矛盾的主要方面,选取既能反映桁架的本质又便于计算的计算简图。理论分析和实验表明,桁架在结点荷载作用下,桁架中各杆的内力主要是轴力,而弯矩和剪力很小,可以忽略不计,因此对实际桁架的计算简图采用如下三条规定:

(1)各杆两端用绝对光滑而无摩擦的理想铰互相连接。

(2)各杆轴线均为直线,且在同一平面内并通过铰的几何中心。

(3)荷载和支座反力都作用在结点上并位于桁架平面内。

在上述假设的理想情况下,桁架各杆均为两端铰结的直杆,均为二力杆,只产生轴力,这种桁架称为理想平面桁架。

在实际工程中的桁架并不完全符合理想情况。例如,在钢架屋中,各杆件是用焊接或铆接连结的,在钢筋混凝土屋架中各杆件是浇筑在一起的,因此杆件的结点处还可能连续不断,这就使结点具有一定的刚性,各杆之间的夹角几乎不可能变动。另外,施工各杆件也不可能绝对平直,在结点处各杆的轴线不一定完全交于一点,以及某些荷载,如自重不一定都作用在结点上等。因此,桁架在荷载作用下,其杆件必将发生弯曲而产生附加内力,通常把桁架在理想情况下计算出来的内力称为主内力,把由于不满足理想假定而产生的附加内力称为次内力。本任务只讨论主内力的计算问题,因此取理想桁架为计算简图。

根据不同的特征,平面桁架可作如下分类:

(1)按照桁架的外形划分,可分为平行弦桁架[见图 3-29(a)]、抛物线形桁架[见图 3-29(b)]、三角形桁架[见图 3-29(c)]。

(2)按照桁架支座反力的特点划分,可分为梁式桁架或无推力桁架[见图 3-29(a)、(b)、(c)]、拱式桁架或有推力桁架[见图 3-29(d)]。

(3)按照桁架的几何组成方式划分,可分为以下类型:

①简单桁架。由基础或一个基本铰接三角形开始,依次增加二元体所组成的桁架[见图 3-29(a)、(b)、(c)]。

②联合桁架。由几个简单桁架按几何不变体系组成规则所联成的桁架[见图 3-29(d)]。

③复杂桁架。不按以上两种方式组成的其他桁架[见图 3-29(e)、(f)]。

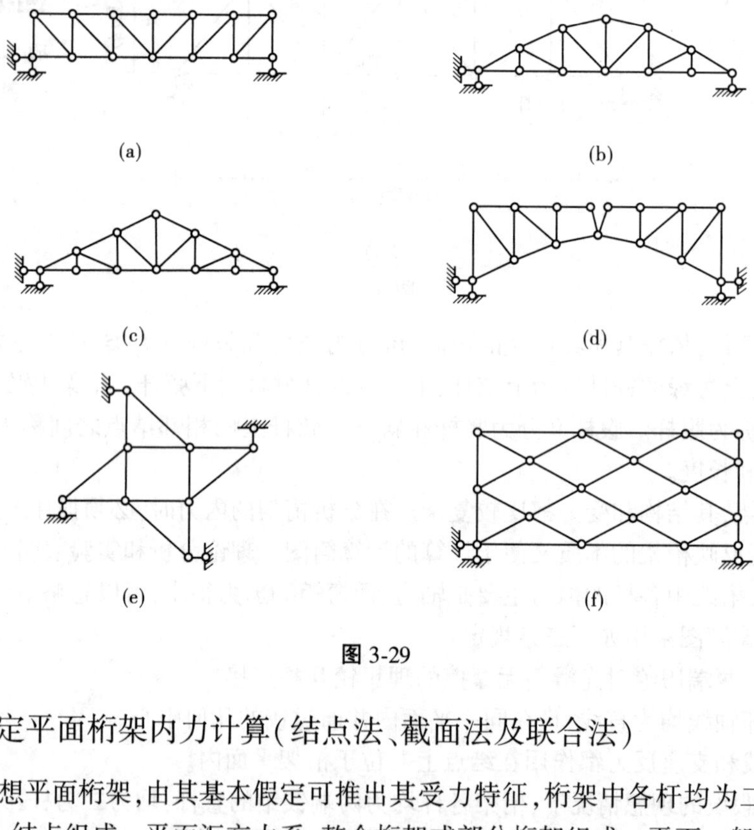

图 3-29

二、静定平面桁架内力计算(结点法、截面法及联合法)

对于理想平面桁架,由其基本假定可推出其受力特征,桁架中各杆均为二力杆,仅承受轴力,每一结点组成一平面汇交力系,整个桁架或部分桁架组成一平面一般力系。对静定平面桁架,计算内力的方法有结点法、截面法和联合法(结点法与截面法的联合应用),下面分别讨论。

(一)结点法

因为理想桁架每根杆件都只承受轴力,这样一来,桁架的每个结点都构成一个汇交力系。取桁架的结点作为隔离体，利用结点平面汇交力系的静力平衡条件来计算各杆轴力，此时，对每一结点都可以列出两个独立的平衡方程来进行解答，该方法称为结点法。在实际计算中，一般从未知力不超过两个的结点开始，依次推算。结点法适用于简单桁架的轴力计算。

码 3-9　结点法

在桁架计算中，规定受拉杆的轴力为正，受压杆的轴力为负。

为简便计算，在建立平衡方程时，经常把斜杆的轴力 F_N 分解为水平分力 F_x 和竖向分力 F_y（见图 3-30），设斜杆的长度为 l，其水平向和竖向的投影长度分别为 l_x、l_y，由比例关系有

$$\frac{F_N}{l}=\frac{F_x}{l_x}=\frac{F_y}{l_y}$$

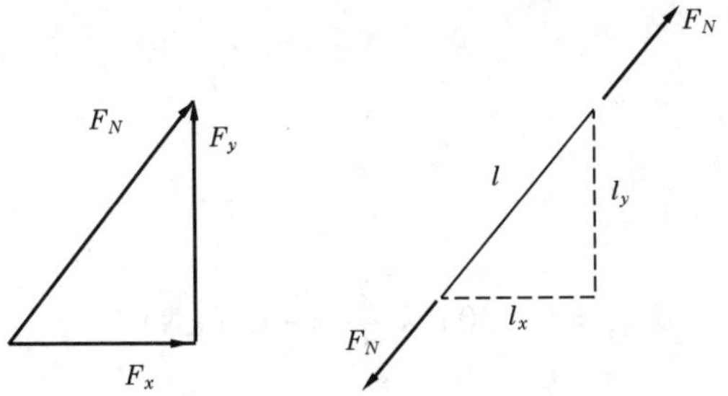

图 3-30

利用这个比例关系，若 F_N、F_x 和 F_y 三者中，已知其中一个力，便可很方便地推算出其余两个力，而不需要使用三角函数。

例题 3-9　用结点法计算图 3-31 所示桁架中各杆的内力。

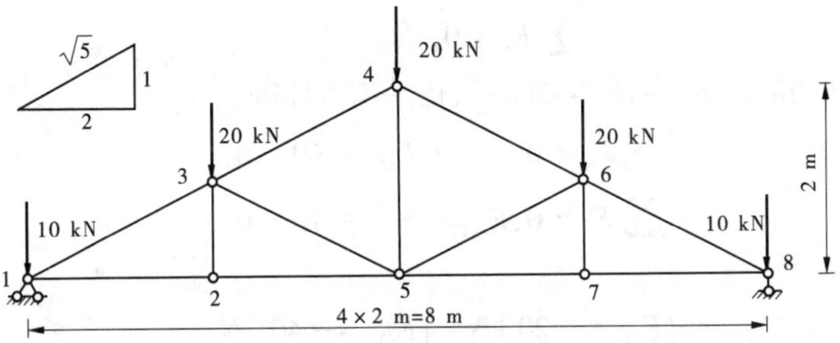

图 3-31

解：因为桁架和荷载都是对称的，相应杆的内力和支座反力必然也是对称的，所以计算半个桁架内力即可。

1. 求支座反力

$$F_{x1}=0$$

$$F_{y1}=F_{y8}=\frac{1}{2}\times(10+20+20+20+10)=40(\text{kN})(\uparrow)$$

2. 内力计算

反力求出之后，可截取各结点计算各杆的轴力。从只含两个未知力的结点开始，这里有 1、8 两个结点，现在计算左半个桁架，从结点 1 开始，然后依次分析相邻结点。

(1)取结点 1 为隔离体[见图 3-32(a)]，由平衡条件得

$$\sum F_y = 0, F_{y13} + 40 - 10 = 0, F_{y13} = -30(\text{kN})$$

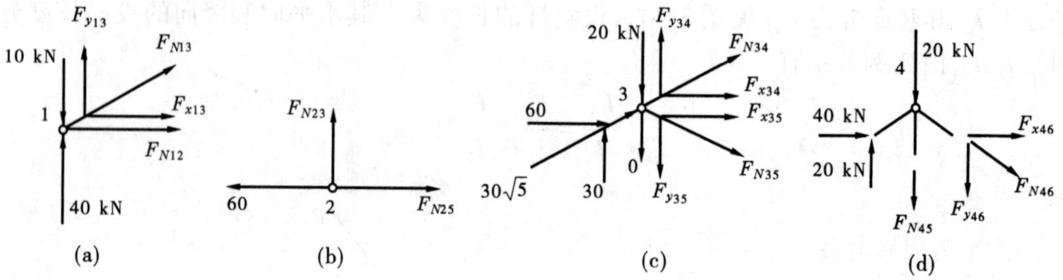

图 3-32

按比例关系得

$$F_{x13} = (-30) \times \frac{2}{1} = -60(\text{kN})$$

$$F_{N13} = (-30) \times \frac{\sqrt{5}}{1} = -30\sqrt{5}(\text{kN})(\text{压})$$

$$\sum F_x = 0, F_{x13} + F_{N12} = 0, F_{N12} = 60(\text{kN})(\text{拉})$$

(2)取结点 2 为隔离体[见图 3-32(b)]，由平衡条件得

$$\sum F_x = 0, F_{N25} - 60 = 0, F_{N25} = 60(\text{kN})(\text{拉})$$

$$\sum F_y = 0, F_{N23} = 0$$

(3)取结点 3 为隔离体[见图 3-32(c)]，由平衡条件得

$$\sum F_x = 0, F_{x34} + F_{x35} + 60 = 0$$

$$\sum F_y = 0, F_{y34} - F_{y35} + 10 = 0$$

联立求解得

$$\begin{cases} F_{y34} = -20\ \text{kN} \\ F_{y35} = -10\ \text{kN} \end{cases} \quad \begin{cases} F_{x34} = -40\ \text{kN} \\ F_{x35} = -20\ \text{kN} \end{cases}$$

根据比例关系：

$$\begin{cases} F_{N34} = -20\sqrt{5}\ \text{kN}(\text{压}) \\ F_{N35} = -10\sqrt{5}\ \text{kN}(\text{压}) \end{cases}$$

(4)取结点 4 为隔离体[见图 3-32(d)]，由平衡条件得

$$\sum F_x = 0, F_{x46} + 40 = 0, F_{x46} = -40\ \text{kN}, F_{y46} = -20\ \text{kN}, F_{N46} = -20\sqrt{5}\ \text{kN}(\text{压})$$

$$\sum F_y = 0, -F_{N45} + 20 - 20 - F_{y46} = 0, F_{N45} = 20\ \text{kN}(\text{拉})$$

(5)根据结构对称性,可直接写出右半边各杆的内力(见图 3-33)。

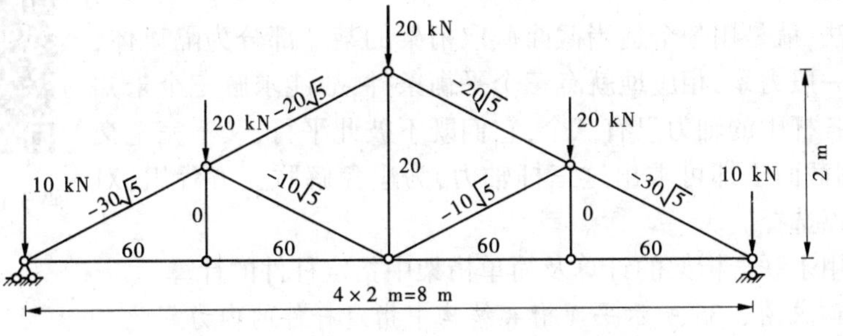

图 3-33

3. 校核

由于桁架和荷载都是对称的,从计算结果来看,F_{N34} 和 F_{N46} 完全相同,满足对称条件。

应当指出,桁架中轴力为 0 的杆件称为零力杆。在计算桁架时,先找出所有的零力杆,可使计算工作简化。现将常见的几种特殊结点分别介绍如下:

(1)L 形结点。或称两杆结点[见图 3-34(a)],即不共线的两杆汇交的结点,当结点上无荷载时,两杆轴力都为 0。

(2)T 形结点。即三杆汇交的结点,其中两杆共线,如图 3-34(b)所示,当结点无荷载时,第三杆轴力为 0,而共线两杆轴力必大小相等且性质相同。

(3)K 形结点。即四杆汇交的结点,其中两杆共线,而另外两杆在该直线同侧且倾角相等[见图 3-34(c)]。当结点无荷载时,若共线两杆轴力不等,则不共线两杆轴力大小相等,但其一为拉力,一为压力;若共线两杆轴力相等,则不共线两杆轴力为 0。

(4)X 形结点。X 形结点为四根杆汇交的结点,且两两杆件共线[见图 3-34(d)]。当结点上无荷载作用时,同一直线上两杆轴力大小相等,性质相同。

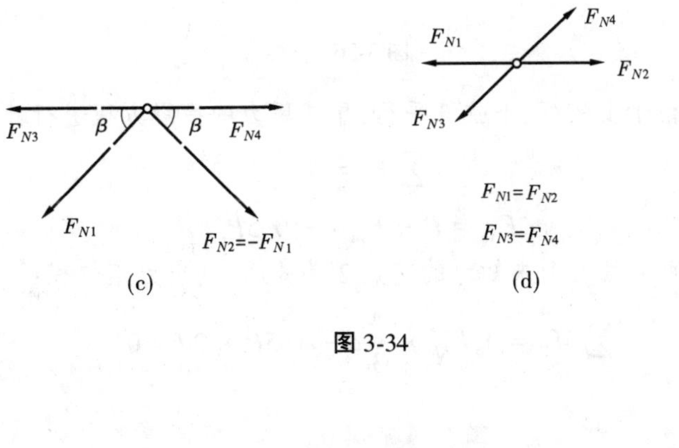

码 3-10　零力杆的判断方法

图 3-34

利用以上结论,可以找出图 3-31 的零力杆,则剩下的工作量大为减少。

(二)截面法

所谓截面法,就是用一个适当截面截取桁架的某一部分为隔离体,那就属于平面一般力系,相应地就有三个平衡条件,故能求解三个未知力。如果所截各杆中的轴力只有三个,它们既不彼此平行,又不完全交于同一点,则用截面法即可求出这三杆轴力,为避免解联立方程组,对平衡方程应加以选择。

码 3-11　截面法

截面法适用于联合桁架的计算及简单桁架中指定杆件的计算。

例题 3-10　求图 3-35 所示平面桁架结构中指定杆件的内力。

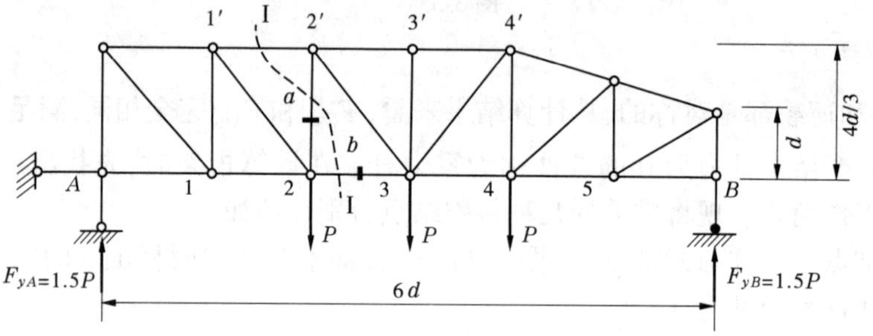

图 3-35

解:(1)求支座反力。

$$F_{yA} = 1.5P, F_{yB} = 1.5P$$

(2)求杆 a、b 截面轴力。

作Ⅰ-Ⅰ截面,截断 a、b 两杆,取截面以左为分离体,如图 3-36 所示,其中共有三个未知力,均设为拉力。

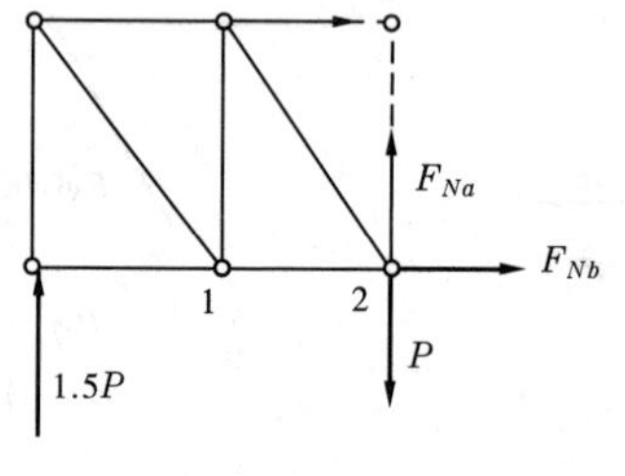

图 3-36

求杆 a 轴力时,由于上弦杆、下弦杆平行,显然用力的投影方程进行计算最简便,得:

$$\sum F_y = 0$$

$$F_{Na} = P - F_{yA} = -0.5P$$

求杆 b 轴力时,可取另两个未知力的交点 2′为矩心,列出力矩方程:

$$\sum M_{2'} = 0, F_{Nb} \times \frac{4}{3}d - 1.5P \times 2d = 0$$

$$F_{Nb} = 2.25P$$

(三)联合法——结点法和截面法的联合应用

上面讨论的是简单桁架的计算，对于联合桁架，一般需要联合应用结点法和截面法，能够收到良好的效果。

例题 3-11　计算图 3-37 所示桁架中杆 1、2、3、4 的内力。

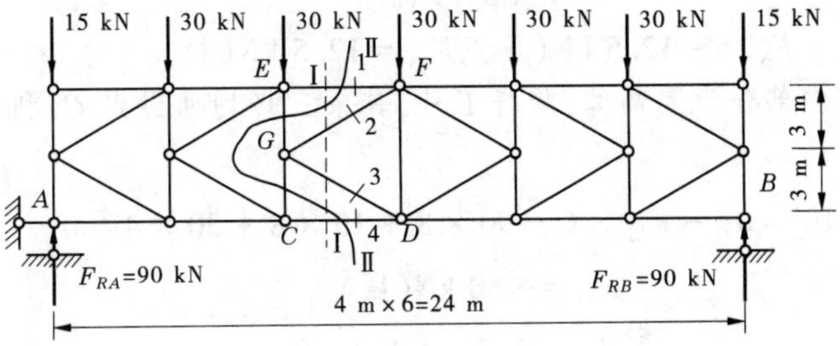

码 3-12　桁架计算联合法

图 3-37

解：(1)求支座反力。

$$F_{RA} = 90\ \text{kN}$$

$$F_{RB} = 90\ \text{kN}$$

(2)求各杆内力(见图 3-38)。

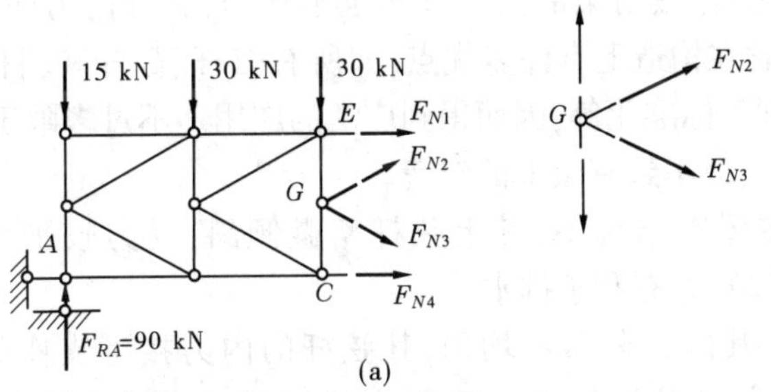

(a)

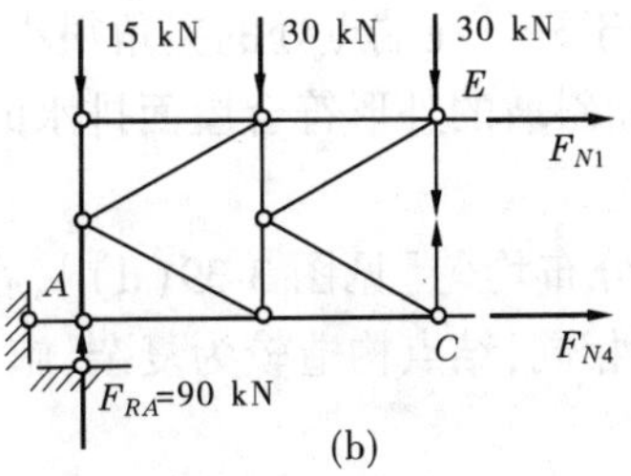

(b)

图 3-38

求杆 2 的轴力时，作截面 Ⅰ—Ⅰ，并取左部分为隔离体。由此，截面截断了四根杆件。

$$\sum F_y = 0, F_{y2} - F_{y3} + 15 = 0$$

$$\frac{3}{5}F_{N2} - \frac{3}{5}F_{N3} + 15 = 0$$

发现不能仅通过此隔离体将全部未知力求出。为此取结点 G 为隔离体,G 为 K 型结点[见图 3-38(a)]:

$$\sum F_x = 0$$

$$F_{x2} + F_{x3} = 0, \frac{4}{5}F_{N2} + \frac{4}{5}F_{N3} = 0$$

$$F_{N2} = - F_{N3}$$

$$F_{N2} = - 12.5\ \text{kN(压)}, F_{N3} = 12.5\ \text{kN(拉)}$$

再取Ⅱ—Ⅱ截面左部分为隔离体,除杆 1 外,其余三杆均通过点 C,利用矩方程[见图 3-38(b)]:

$$\sum M_C = 0, - F_{N1} \times 6 - 90 \times 8 + 15 \times 8 + 30 \times 4 = 0$$

$$F_{N1} = - 80\ \text{kN(压)}$$

$$\sum F_x = 0, F_{N1} + F_{N4} = 0$$

$$F_{N4} = 80\ \text{kN(拉)}$$

(四)各类平面桁架的比较

桁架的外形对桁架内力的分布有比较大的影响,在设计时应根据这些影响来选择合适的桁架外形。

下面就建筑工程中常用的 5 种梁式桁架进行分析:

(1)平行弦桁架。平行弦桁架的内力分布也不均匀,弦杆内力向跨度中间增加[见图 3-39(a)]。但由于它在构造上有许多优点,如所有弦杆、竖杆和斜杆的长度都分别相等,结点构造统一,有利于标准化等,因而得到广泛的应用。不过多限于轻型桁架,这样便于采用相同截面的弦杆,而不致有很大的浪费。

(2)梯形桁架。在屋盖结构中,其上弦杆略微倾斜,受力较平行弦桁架均匀[见图 3-39(b)],构造较简单,并有利于排水。

(3)三角形桁架。其内力分布不均匀,其弦杆的内力接近支座处最大[见图 3-39(c)],这使得每一个节间的弦杆都要改变截面,因而增加拼接的困难;如采用同样的截面,则造成材料的浪费。此外,由于杆件在端点处的夹角很小,且其内力很大,因此端结点的构造复杂,制造困难。但其两面斜坡的外形符合屋面排水的需要,故广泛用作跨度较小的屋盖承重结构。

(4)抛物线形桁架。其内力分布均匀[见图 3-39(d)],在材料使用上最为经济。但其上弦杆在每一节间的倾角都不相同,结点构造较为复杂,施工不便。只宜于用作大跨度的屋架(18~30 m)。

(5)折线形桁架[见图 3-39(e)]。由于上弦改成折线,其内力比三角形桁架的内力均匀,且在一定程度上克服了抛物线形桁架上弦转折太多而形成的缺点,所以在中等跨度(18~24 m)的厂房屋架中用得较多。

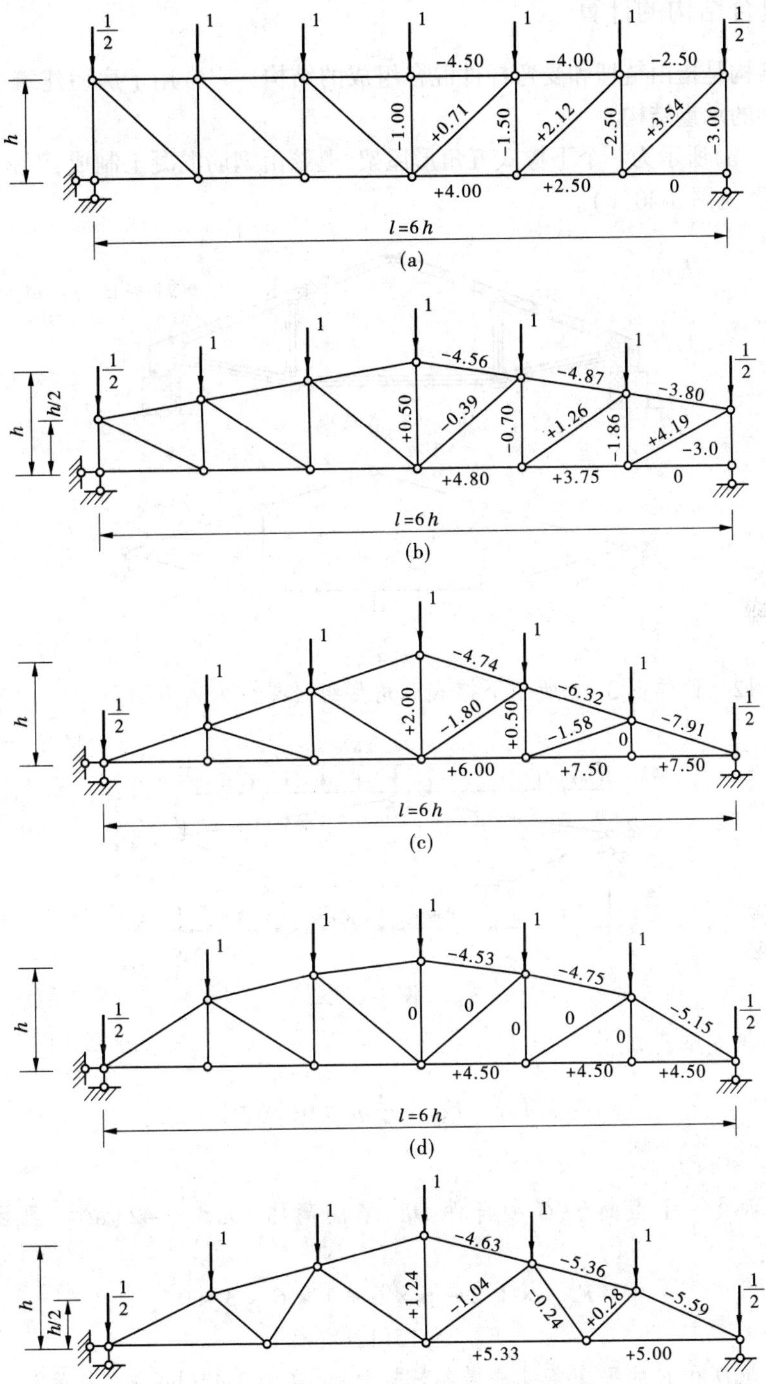

(a)
-4.50
-4.00
-2.50
-1.00
+0.71
-1.50
+2.12
-2.50
+3.54
-3.00
+4.00
+2.50
0
l=6h
(b)
-4.56
-4.87
-3.80
+0.50
-0.39
-0.70
+1.26
-1.86
+4.19
-3.0
+4.80
+3.75
0
l=6h
(c)
-4.74
-6.32
-7.91
+2.00
-1.80
+0.50
-1.58
0
+6.00
+7.50
+7.50
l=6h
(d)
-4.53
-4.75
-5.15
+4.50
+4.50
+4.50
l=6h
(e)
-4.63
-5.36
-5.59
+1.24
-1.04
-0.24
+0.28
+5.33
+5.00
l=6h

图 3-39

三、组合结构的计算

组合结构是指由链杆和受弯杆件混合组成的结构。它常用于房屋建筑中的屋架、吊车梁和桥梁的承重结构。

图 3-40(a)所示为一个下撑式五角形屋架,上弦由钢筋混凝土制成,下弦和腹杆为型钢,计算简图见图 3-40(b)。

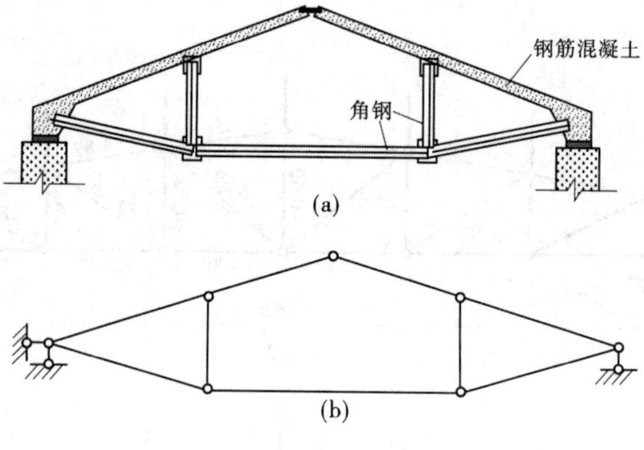

图 3-40

例题 3-12 试作图 3-41 所示下撑式五角形组合屋架的内力图。

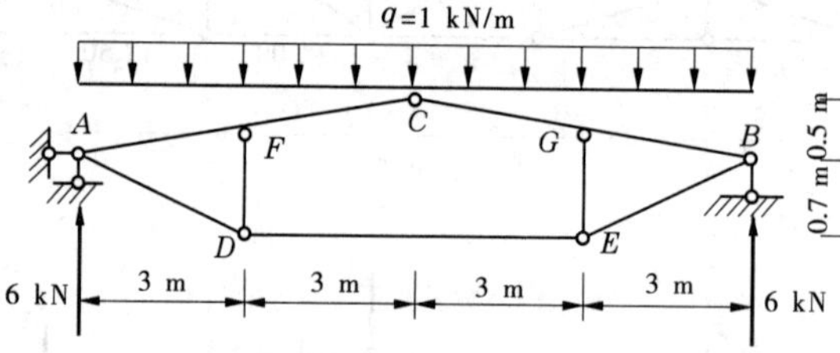

图 3-41

解:(1)求支座反力。

$$F_{yA}=F_{yB}=\frac{1}{2}ql=6(\mathrm{kN})$$

(2)求链杆内力。

先作截面 Ⅰ—Ⅰ 截断铰 C 和杆件 DE,取隔离体[见图 3-42(a)],则由力矩方程 $\sum M_C=0$ 得:

$$F_{NDE}\times 1.2-6\times 6+1\times 6\times 3=0$$

$$F_{NDE}=15(\mathrm{kN})(\text{拉})$$

再由结点 D 和 E 的平衡条件求得各杆轴力,记在图 3-42(b)中各杆的一侧。

(3)作梁式杆的内力图。

AFC 杆的隔离体如图 3-42(c)所示。在 A 结点处,除有支座反力 6 kN 外,还有杆件 AD 的轴力 F_{NAD}。将 F_{NAD} 分解为水平分力和竖向分力,将 A 结点处的竖向分力合并后,其受力图如图 3-42(d)所示。各控制截面的内力计算如下(图中 $\sin\alpha=0.0831$,$\cos\alpha=0.9966$)。

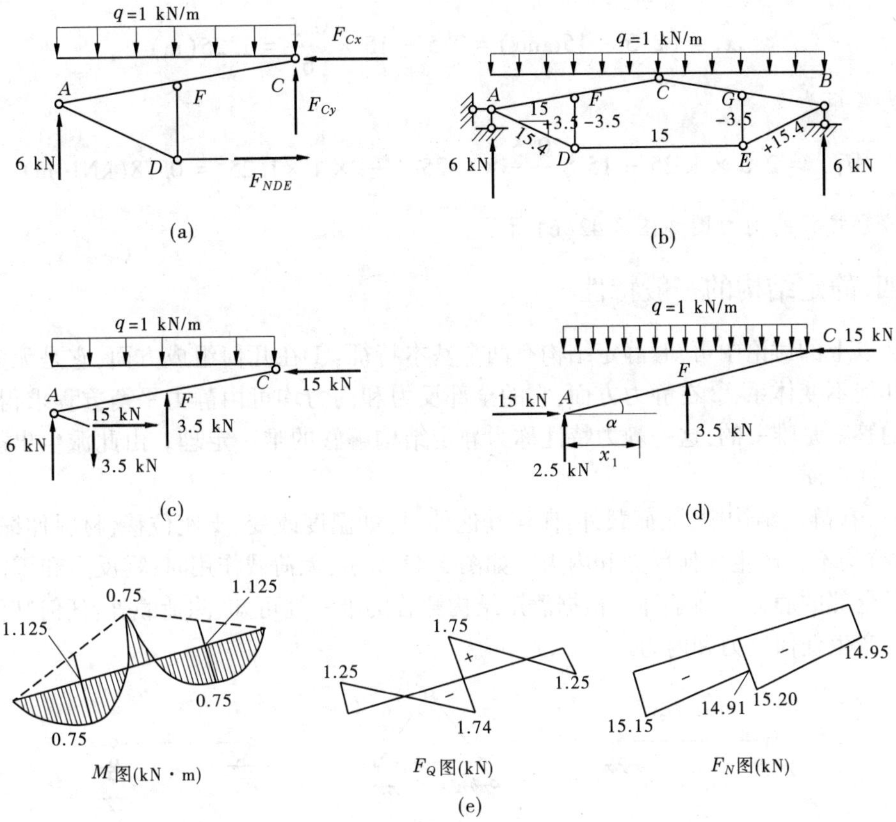

图 3-42

①截面 A：

$$M_{AF} = 0$$

$$F_{QAF} = 2.5 \times 0.9966 - 15 \times 0.0831 = 1.25(\text{kN})$$

$$F_{NAF} = -2.5 \times 0.0831 - 15 \times 0.996 = -15.15(\text{kN})$$

②截面 F：

$$M_{FA} = 2.5 \times 3 - 15 \times 0.25 - 1 \times 3 \times 1.5 = -0.75(\text{kN} \cdot \text{m})$$

$$F_{QFA} = (2.5 - 1 \times 3) \times 0.9966 - 15 \times 0.0831 = -1.74(\text{kN})$$

$$F_{QFC} = -1.74 + 3.5 \times 0.9966 = 1.75(\text{kN})$$

$$F_{NFA} = -(2.5 - 1 \times 3) \times 0.0831 - 15 \times 0.9966 = -14.91(\text{kN})$$

$$F_{NFC} = -14.91 - 3.5 \times 0.0831 = -15.20(\text{kN})$$

③截面 C：

$$M_{CF} = 0$$

$$F_{QCF} = -15 \times 0.0831 = -1.25(\text{kN})$$

$$F_{NCF} = -15 \times 0.9966 = -14.95(\text{kN})$$

跨中最大弯矩发生在剪力为 0 处，以 x_1 表示其横坐标，如图 3-42(d)所示。

由 $F_Q=(2.5-x_1)\cos\alpha-15\sin\alpha=0$ 得：

$$x_1=(2.5-15\tan\alpha)=2.5-15\times\frac{0.5}{6}=1.25(\mathrm{m})$$

则最大弯矩为

$$M_{1.25}=2.5\times1.25-15\times\frac{0.5}{6}\times1.25-\frac{1}{2}\times1\times1.25^2=0.78(\mathrm{kN\cdot m})$$

该梁式杆的内力图如图3-42(e)所示。

四、静定结构的一般特性

从以上的讨论中可知，静定结构有两个基本特征：①在几何组成方面，它是无多余约束的几何不变体系；②在静力方面，它的全部反力和内力均可由静力平衡方程求得，而且得到的答案是唯一的，这一静力特性称为静定结构解答的唯一定理。由此派生出静定结构的一些性质。

(1)在静定结构中，除荷载外，任何其他外因(如温度改变、支座位移、材料伸缩、制造误差等)均不会产生任何反力和内力。如图3-43所示，无荷载作用时，零反力和零内力必能满足全部的静力平衡条件。根据静定结构解答的唯一性可知，除荷载外，任何其他外因均不会产生任何反力和内力。

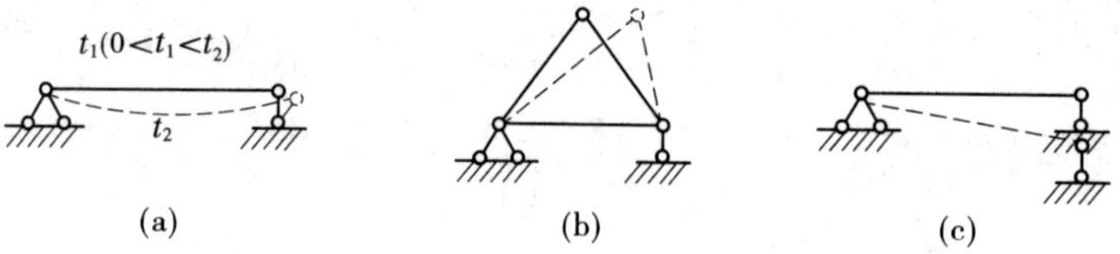

图3-43

(2)静定结构的局部平衡特性。在荷载作用下，如果静定结构中的某一局部可以与荷载维持平衡，则其余部分的反力和内力必为0。

(3)荷载等效变换的影响。对作用于静定结构某一几何不变部分上的荷载进行等效变换时，只有该部分的内力发生变化，其余部分的反力和内力均保持不变。

项目小结

1. 名词解释

(1)静定结构：凡由静力平衡条件能计算出结构的全部反力和内力的结构为静定结构。如静定梁、静定拱、静定刚架等。

(2)超静定结构：单靠静力平衡条件不能计算出结构的全部反力和内力的结构为超静定结构。如连续梁、超静定刚架等。

(3)基本部分：不依赖其他部分的存在而独立地与基础组成几何不变体系的部分称为基本部分。

(4)附属部分：依赖其他部分的存在才能组成几何不变体系的部分称为附属部分。

(5)拱:是指杆轴为曲线且在竖向荷载作用下能产生水平推力的结构。

(6)高跨比:拱高 f 与跨度 l 之比 f/l 称为拱的高跨比。

(7)压力线:将拱各截面合力的作用点连接起来,成为一条折线或曲线,就称为拱的压力线。

(8)合理拱轴条件:在已知荷载作用下,若所选择的三铰拱轴线能使所有截面上的弯矩均等于0,则此拱轴称为合理拱轴。

(9)桁架:是指由若干直杆在其两端用铰连结而成的结构。

(10)结点法:是指取桁架每一结点为研究对象,建立汇交力系的平衡方程,从而算出桁架各杆未知轴力的方法。

(11)截面法:是指用假想截面切断欲求其内力的杆件,从桁架中截出一部分为分离体,利用平面一般力系的三个平衡方程计算所截各杆中的未知轴力的方法。

(12)零力杆:桁架中轴力为零的杆件称为零力杆。在计算桁架时,能首先找出所有的零力杆,可使计算工作简化。

(13)组合结构:由链杆和梁式杆组合成的结构,称为组合结构。

2. 静定结构受力分析基本原理

静定结构受力分析基本原理有静力平衡原理、叠加原理、荷载与内力的微分关系。

3. 静定结构受力分析步骤

静定结构受力分析步骤如下:

(1)求支座反力,对多跨静定梁应先计算附属部分后计算基本部分。

(2)利用截面法求出控制截面上的内力。

(3)利用叠加原理及内力微分关系,根据控制截面的内力值作内力图。

(4)利用静力平衡方程进行校核。

4. 计算简图的三条假定

对实际桁架的计算简图采用如下三条假定:

(1)认为各杆两端用绝对光滑而无摩擦的铰(理想铰)连结。

(2)认为各杆的轴线都是直线,而且在同一平面内并通过铰的几何中心。

(3)认为荷载和支座反力都作用在结点上。

5. 常用梁式桁架

常用梁式桁架有三角形桁架、梯形桁架、折线桁架、平行弦桁架及抛物线形桁架。

6. 静定结构的特性

静定结构的特性如下:

(1)温度改变、支座移动、制造误差和材料收缩等均不会在静定结构中引起内力。

(2)静定结构在荷载作用下,如果静定结构中的某一局部可以与荷载维持平衡,则其余部分的反力和内力必为0。

(3)当静定结构的一个内部几何不变部分上的荷载做等效变换时,其余部分的内力不变。

习 题

一、多跨梁

3-1 用分段叠加法作图 3-44 所示梁的 M 图。

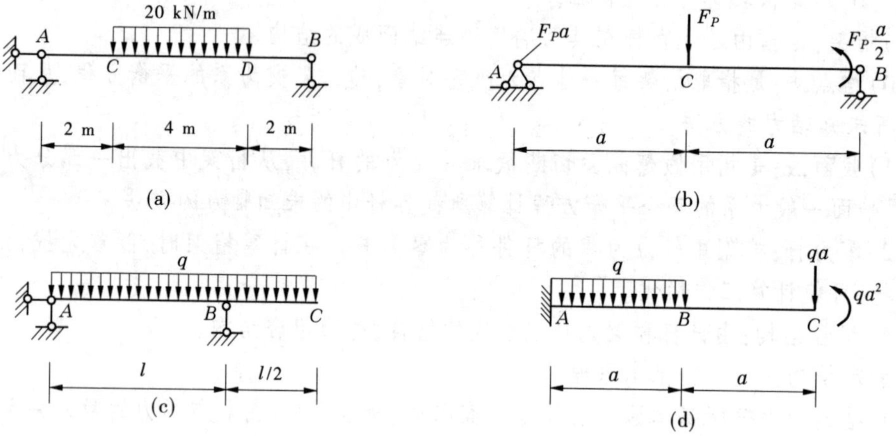

图 3-44

3-2 求图 3-45 所示支座反力,并作梁的剪力图和弯矩图。

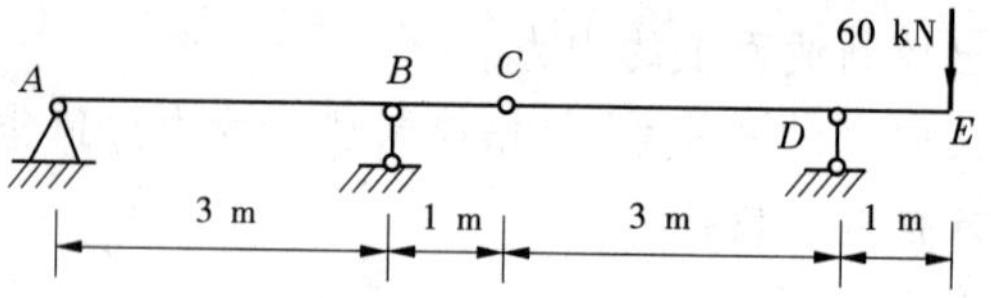

图 3-45

3-3 求图 3-46 所示支座反力,并作梁的内力图。

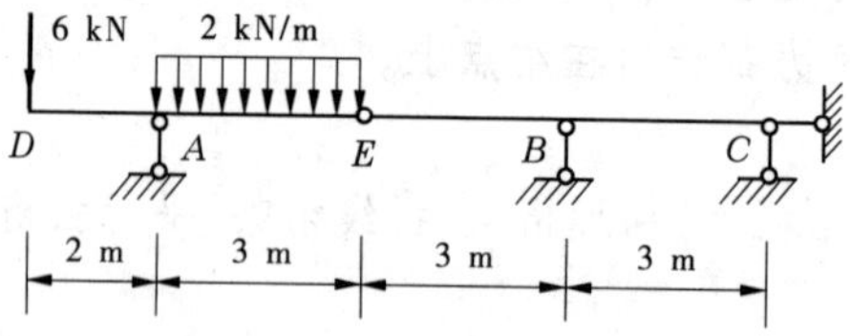

图 3-46

3-4 求图 3-47 所示支座反力,并作梁的内力图。

3-5 求图 3-48 所示支座反力,并作梁的 M 图。

二、刚架

3-6 计算图 3-49 所示刚架中指定截面的杆端内力,然后作出刚架的轴力图、剪力图和弯矩图。

(a)A 上截面、B 下截面和 B 右截面的轴力、剪力和弯矩;

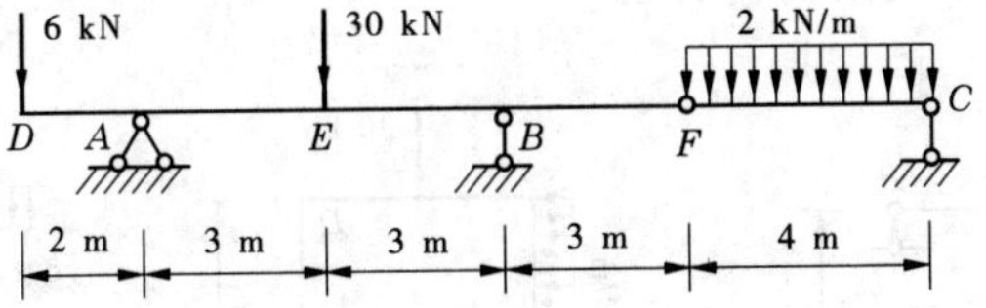

图 3-47

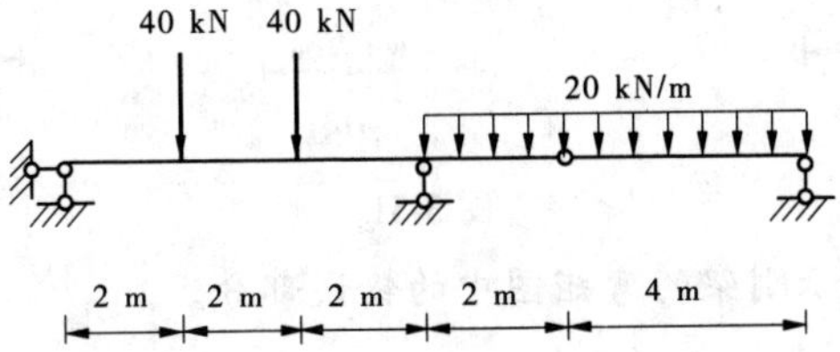

图 3-48

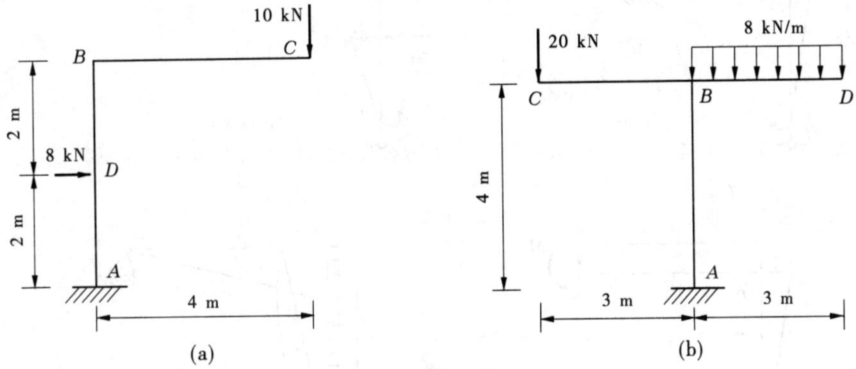

图 3-49

(b)B 下截面、B 左截面和 B 右截面的弯矩。

3-7　作图 3-50 所示刚架的剪力图和弯矩图。

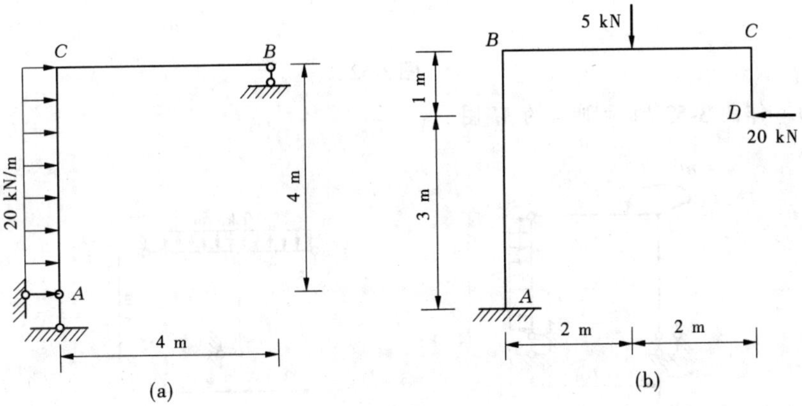

图 3-50

3-8　作图 3-51 所示刚架的内力图。

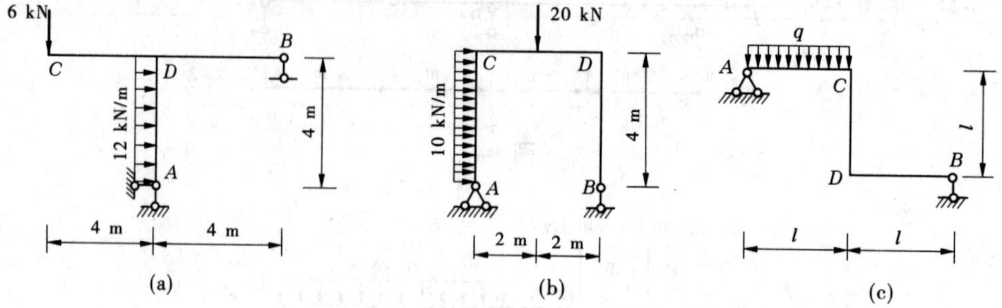

图 3-51

3-9　改正图 3-52 所示刚架的弯矩图中的错误部分。

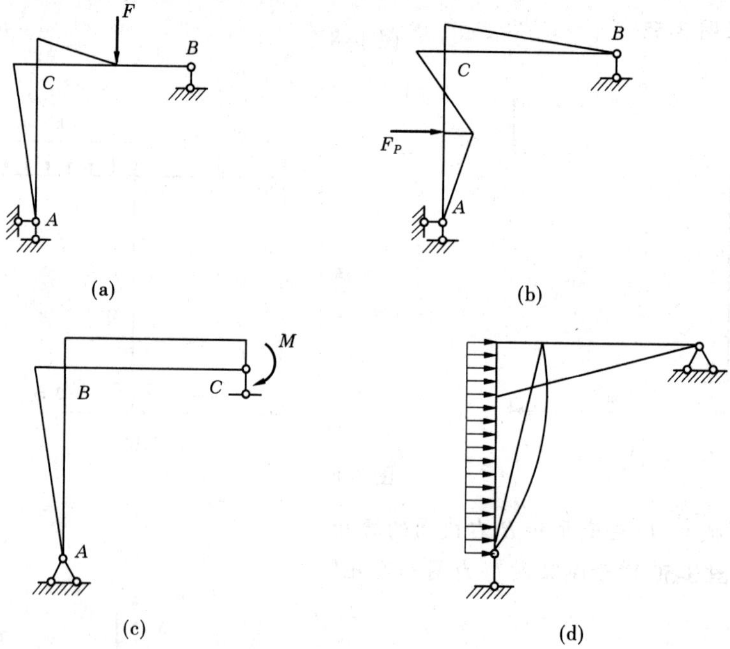

图 3-52

3-10　作图 3-53 所示刚架的 M 图。

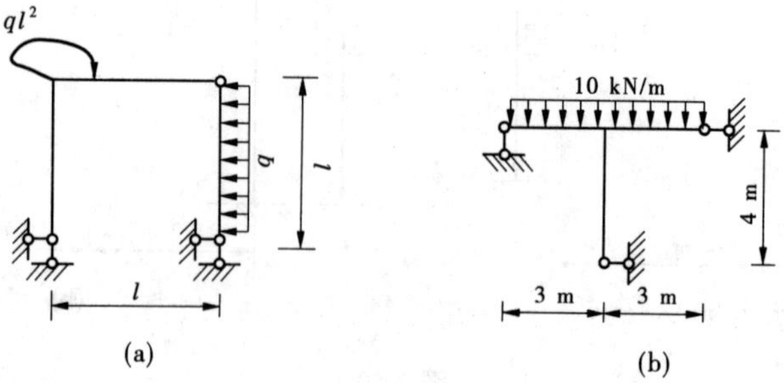

图 3-53

三、三铰拱

3-11　求图 3-54 所示三铰拱支座反力和指定截面 K 的内力。已知轴线方程 $y=\dfrac{4f}{l^2}x(l-x)$。

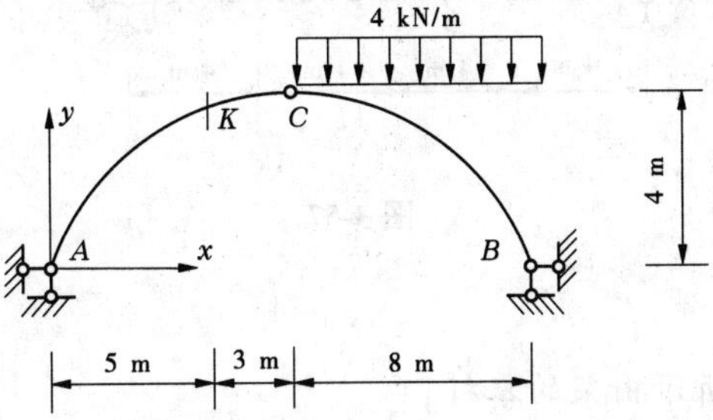

图 3-54

3-12　求图 3-55 所示三铰拱支座反力。

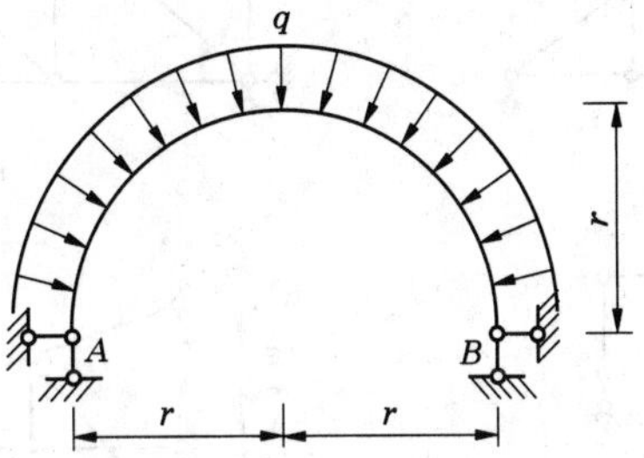

图 3-55

3-13　计算图 3-56 所示抛物线三铰拱 K 截面的内力 M_K、N_K，拱轴方程为 $y=\dfrac{4f}{l^2}x(l-x)$。已知：$P=4$ kN，$q=1$ kN/m，$f=8$ m，$|\varphi_K|=45°$。

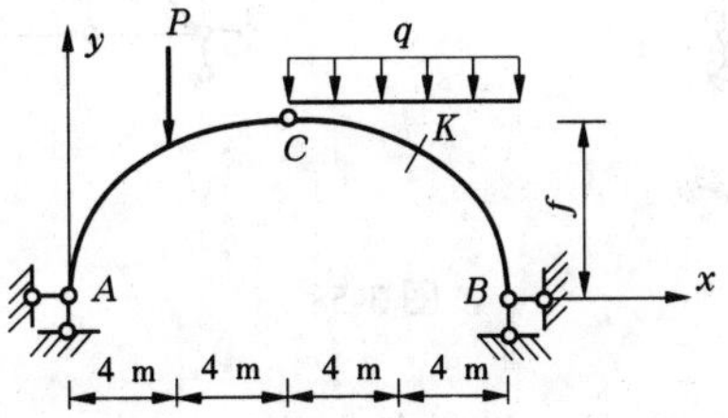

图 3-56

3-14　如图 3-57 所示抛物线三铰拱轴线方程为 $y=\dfrac{4f}{l^2}x(l-x)$，$l=16$ m，$f=4$ m，求：(a)支座反力；(b)D 点左右两侧截面的 F_Q、F_N 值。

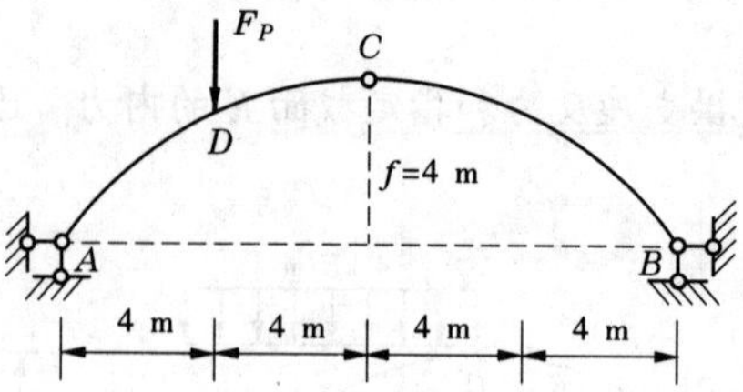

图 3-57

四、桁架

3-15　指出图 3-58 所示桁架的零杆。

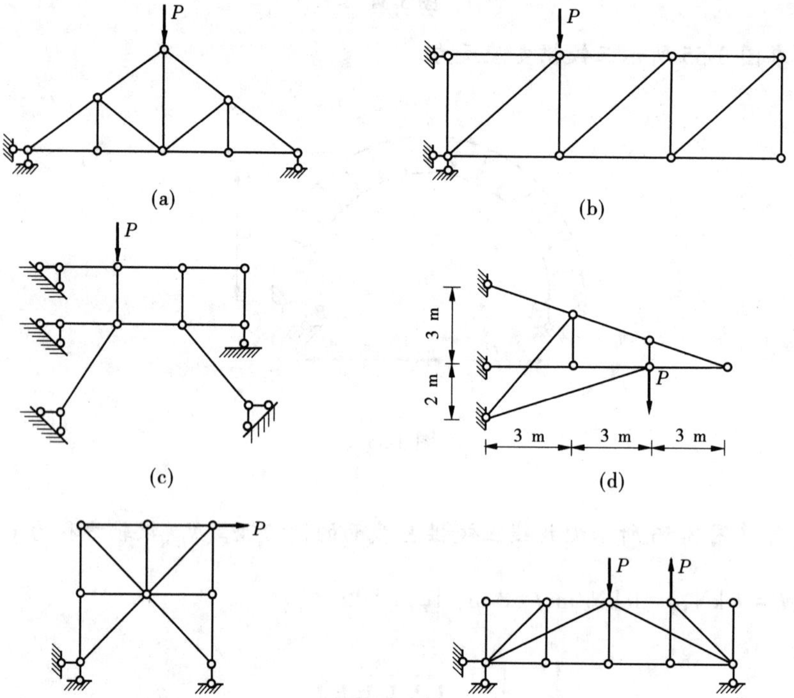

图 3-58

3-16　试用结点法求图 3-59 所示桁架各杆件的轴力。

3-17　用截面法求解图 3-60 所示桁架中杆 a、b、c 的轴力。

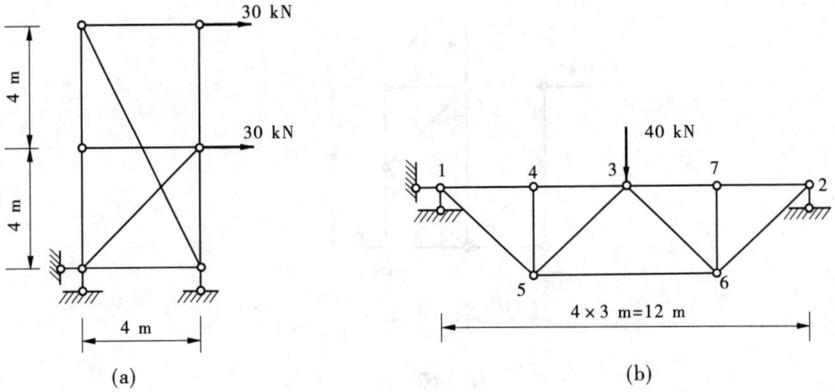

图 3-59

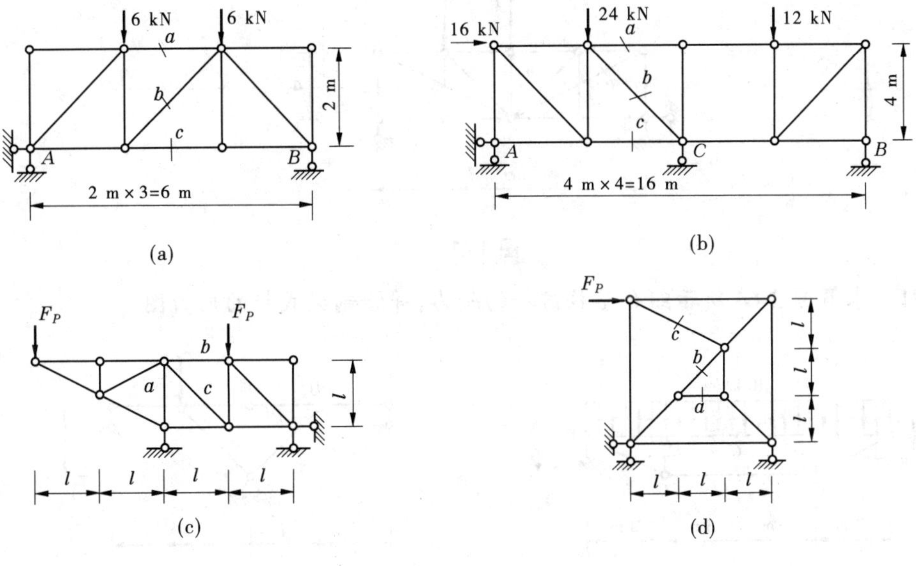

图 3-60

3-18　计算图 3-61 所示桁架结构杆 1、2 的轴力。

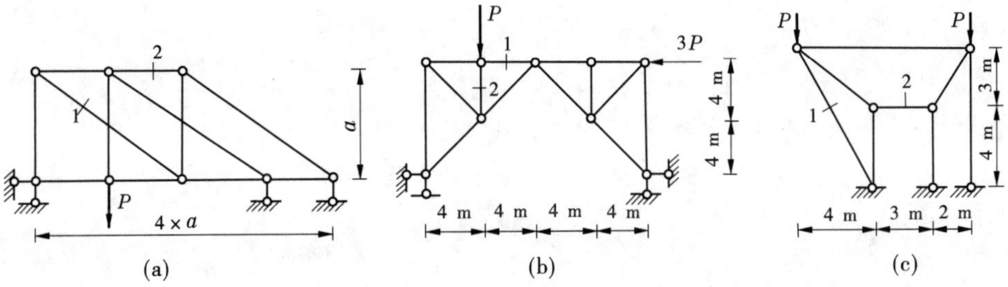

图 3-61

3-19　计算图 3-62 所示桁架中 a 杆的内力 N_a，$d=3$ m。

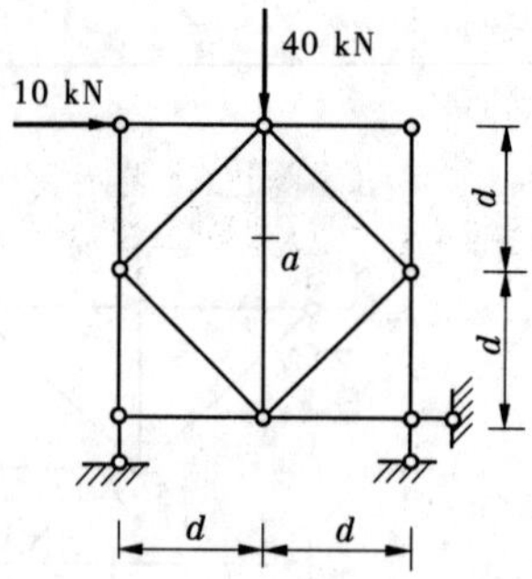

图 3-62

3-20　计算图 3-63 所示桁架杆 a、b 的内力。

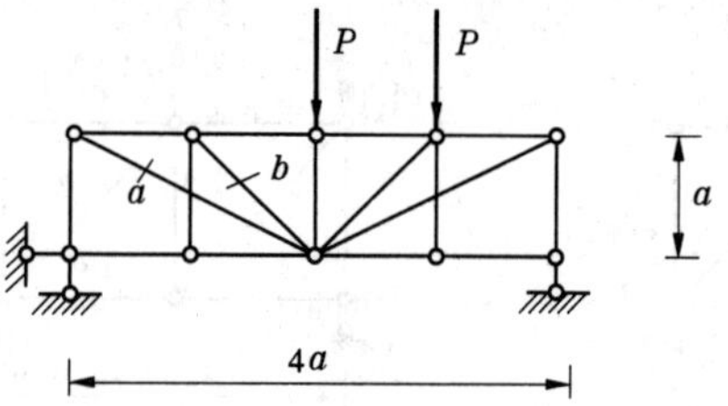

图 3-63

3-21　求解图 3-64 所示组合结构链杆的轴力，并绘制梁式杆的内力图。

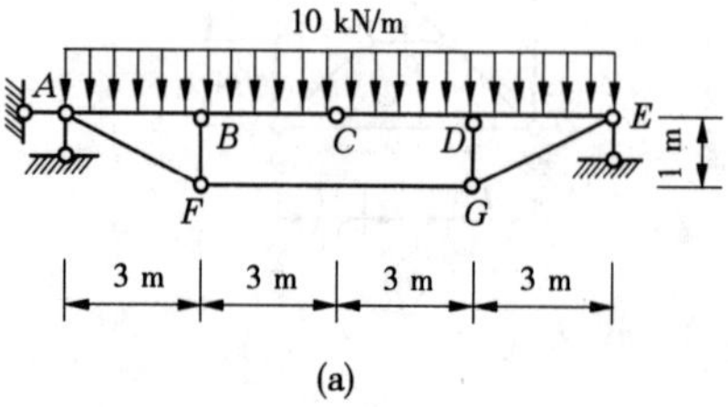

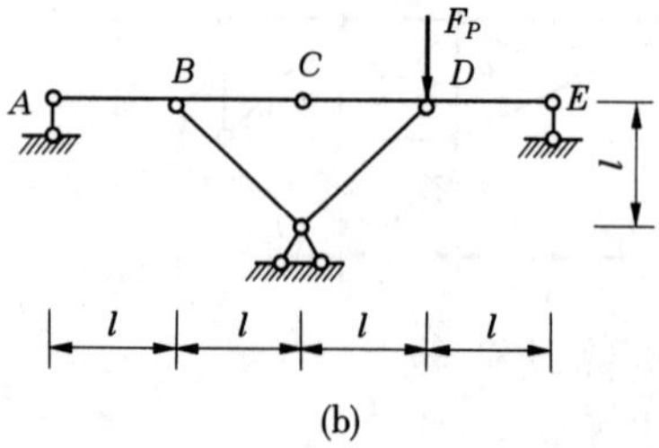

图 3-64

项目四　静力法绘制影响线

学习目标

【知识目标】

(1)掌握影响线的概念。

(2)掌握用静力法绘制静定梁的影响线。

(3)掌握用影响线求量值和最不利荷载位置的方法。

【能力目标】

(1)能够绘制静定梁的影响线。

(2)能够利用影响线的方法求量值和最不利荷载位置。

(3)了解内力包络图。

【思政目标】

(1)提高学生实际分析能力、计算能力、解决实际问题能力。

(2)培养学生自主创新及勤奋思考的精神。

(3)培养学生理性批判、求真求实的科学态度。

任务一　影响线的基本概念

一、移动荷载

前面各项目所讨论的荷载,其作用点都是固定不变的,这些荷载称为固定荷载。但对于实际工程结构来说,除承受固定荷载外,有时还承受位置改变的移动荷载,如行驶的火车、汽车施加给桥梁的荷载,厂房中的吊车施加给吊车梁的荷载等,这些移动荷载的特点:荷载的大小和方向不变,仅荷载位置连续变化,如图 4-1 所示。

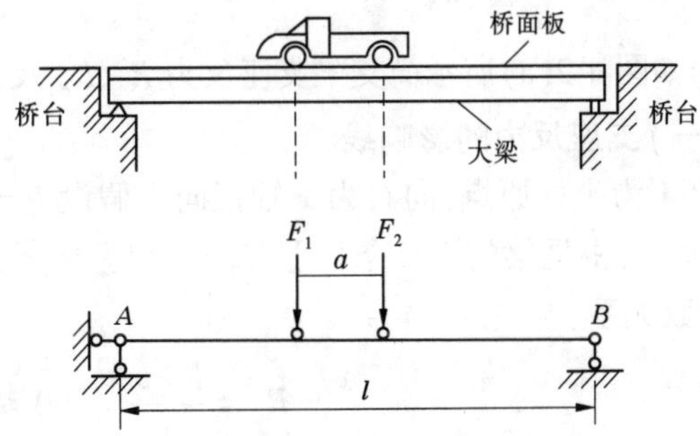

图 4-1

二、影响线的概念

在移动荷载作用下,不同量值(包括支座反力、截面内力、位移等)随移动荷载位置改变而变化的规律是各不相同的。即使是同一截面,其不同内力(如截面的弯矩、剪力)的变化规律也可能不相同。但在实际工程结构设计中,通常都需要求出这些量值的最大值作为结构设计的依据。要想求出在实际移动荷载作用下某个量值的最大值及其所对应的荷载位置(称为最不利荷载位置),必须研究移动荷载作用下结构支座反力和截面内力的变化规律。所以,本项目重点讨论结构在移动荷载作用下支座反力和内力的变化规律,并在此基础上研究实际移动荷载的最不利位置等问题。

码 4-1　影响线概念

在实际工程中,移动荷载的种类非常多,直接研究各种移动荷载作用下结构某一量值的变化规律是一件十分烦琐的事情,也没有必要。其实,实际工程结构所承受的移动荷载都是由若干个间距保持不变的竖向集中荷载或均布荷载组成的,可以先研究一个竖向单位集中荷载 $P=1$ 在结构上移动时某一量值的变化规律,然后根据叠加原理进一步研究各种实际移动荷载作用下该量值的最大值及其所对应的最不利荷载位置等问题,这将使问题大大简化。当一个方向不变的单位荷载在结构上移动时,表示结构某一量值(某一反力、某截面的某内力)变化规律的函数图形,称为该量值的影响线。影响线是研究移动荷载作用的基本工具。

任务二　用静力法作单跨静定梁的影响线

绘制影响线的基本方法有两种:静力法和机动法。

静力法作影响线的基本步骤如下:

(1)选定坐标系,将单位集中荷载 $P=1$ 放在任意位置。

(2)根据平衡条件写出所求量值与荷载位置 x 的函数关系式(称为影响线方程)。

(3)根据影响线方程绘出该量值的影响线图形。

本任务主要讨论利用静力法作单跨静定梁的支座反力及截面内力的影响线。

一、简支梁各量值的影响线

作如图 4-2(a)所示简支梁支座反力 R_A、R_B 及截面 C 的弯矩 M_C 和剪力 Q_C 的影响线。

(一)支座反力的影响线

取 A 为坐标原点,向右为 x 轴正向。假设 $P=1$ 作用在简支梁上坐标为 x 的任意位置($0\leqslant x\leqslant l$),根据梁的平衡条件 $\sum M_A=0$ 和 $\sum M_B=0$,可得到支座反力 R_A、R_B(向上为正)与 x 的函数关系:

$$R_A=\frac{l-x}{l}\qquad(0\leqslant x\leqslant l)$$

$$R_B=\frac{x}{l}\qquad(0\leqslant x\leqslant l)$$

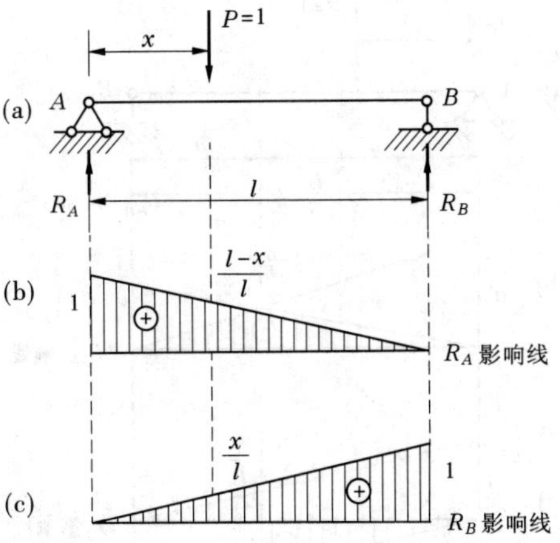

图 4-2

这就是 R_A 和 R_B 的影响线方程。它是 x 的一次方程式，适用于全梁。图线是一条直线。在 A 点，$x=0, R_A=1$。在 B 点，$x=l, R_A=0$。然后，用直线连接这两个竖标的顶点，即得 R_A 的影响线［见图 4-2(b)］。在 A 点，$x=0, R_B=0$。在 B 点，$x=l, R_B=1$。最后，用直线连接这两个竖标的顶点，即得 R_B 的影响线［见图 4-2(c)］。

作影响线时，规定将正号影响线竖标绘在基线的上方，负号影响线竖标绘在下方，并标出正负号。

支座反力影响线的竖标没有量纲。

由以上两个影响线可以清楚地看到，随着单位荷载的移动，支座反力 R_A 和 R_B 的变化范围和变化规律，并能方便地求出单位荷载 $P=1$ 在任意位置时，R_A 和 R_B 的数值。

（二）某截面弯矩的影响线

现在来讨论简支梁 AB 上的任意截面 C 的弯矩影响线。截面 C 的位置如图 4-3(a) 所示。

当单位荷载 $P=1$ 作用在截面 C 以左或以右时，弯矩 M_C 具有不同的函数表达式，应当分别考虑。

当 $P=1$ 作用于截面 C 的左边，即作用在 AC 段时［见图 4-3(a)］，取截面 C 的右侧为隔离体，并规定以梁的下边纤维受拉的弯矩为正，则 C 截面上的弯矩为

$$M_C = R_B \cdot b = \frac{x}{l} \cdot b \quad (0 \leqslant x \leqslant a)$$

由此可见，当单位荷载在截面 C 的左边时，在 AC 段 M_C 的影响线是一斜直线。

当 $x=0$ 时，$M_C=0$。

当 $x=a$ 时，$M_C=\frac{ab}{l}$。

当 $P=1$ 作用于截面 C 的右边，即作用在 CB 段时，取截面 C 的左侧为研究对象，可得

$$M_C = R_A \cdot a = \frac{l-x}{l} \cdot a \quad (a \leqslant x \leqslant l)$$

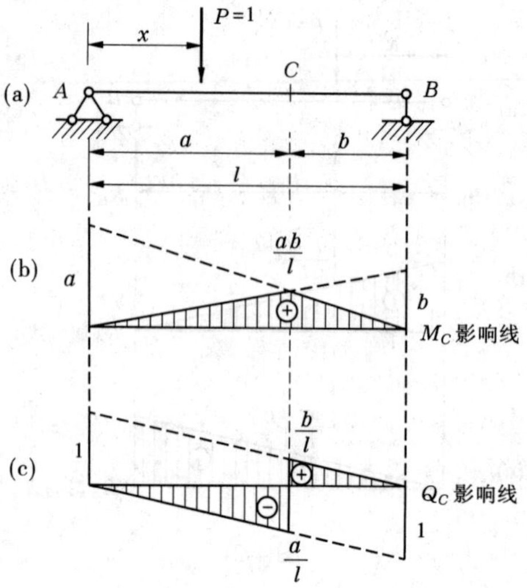

图 4-3

同样可知,当单位荷载在截面 C 的右边时,M_C 影响线的竖标如下:

当 $x=a$ 时,$M_C=\dfrac{ab}{l}$。

当 $x=l$ 时,$M_C=0$。

按上述数值不难得到 M_C 在 CB 段的影响线,两段合起来,就得到全部的截面 C 的弯矩影响线,图 4-3(b)所示有阴影的部分。对应该点 C 的影响线竖标为 $\dfrac{ab}{l}$。弯矩影响线竖标的量纲是长度。

(三)某截面剪力的影响线

现在作截面 C 的剪力影响线[见图 4-3(a)]。对于剪力的正负号规定,剪力绕所在截面的微段顺时针转动为正,反之为负。

当单位荷载 $P=1$ 作用于截面 C 的左边时[见图 4-3(a)],则 C 截面上的剪力为

$$Q_C=-R_B=-\frac{x}{l}\quad(0\leqslant x\leqslant a)$$

由此可知,当单位荷载在截面 C 的左边时,Q_C 影响线与 R_B 影响线相同,但符号相反。因此,可先把 R_B 影响线翻过来画在基线下面,然后保留其中的 AC 段,就得到 Q_C 在 AC 段的影响线,按比例关系可求得 C 点的竖标为 $-\dfrac{a}{l}$。

当 $P=1$ 作用于截面 C 的右边时,同理可得

$$Q_C=R_A=\frac{l-x}{l}\quad(a\leqslant x\leqslant l)$$

同样可知,当单位荷载 $P=1$ 在截面 C 的右边时,Q_C 的影响线与 R_A 的影响线相同。因此,可先作 R_A 的影响线,然后保留其中 CB 段,就得到 Q_C 在 CB 段的影响线,按比例关

系可求得 C 点的竖标为 $\frac{b}{l}$。两段合起来，就得到全部的截面 C 的剪力 Q_C 影响线，如图 4-3(c)所示有阴影的部分。显然，利用两段的影响线方程，绘制的结果也是一样的。由图 4-3(c)可知，Q_C 影响线由两段平行线组成，在 C 点发生突变。当 $P=1$ 作用在 AC 段任一点时，截面 C 为负号剪力；当 $P=1$ 作用在 CB 段任一点时，截面 C 为正号剪力；当 $P=1$ 正好作用在 C 点时，截面 C 的剪力无确定值。剪力影响线的竖标是无量纲的。

二、外伸梁的影响线

(一)支座反力影响线

图 4-4(a)所示外伸梁，取 A 支座为坐标原点，x 以向右为正。由平衡条件可求得反力 R_A 和 R_B 的影响线方程为

$$\left.\begin{aligned} R_A &= \frac{l-x}{l} \\ R_B &= \frac{x}{l} \end{aligned}\right\} \qquad (-l_1 \leqslant x \leqslant l+l_2)$$

当 $P=1$ 在 A 点以左时，x 为负值，所以以上两方程在全梁范围内均适用。由于方程与相应简支梁的反力影响线方程完全相同，所以只需将简支梁反力影响线向两伸臂部分延长，即可得到伸臂梁的反力影响线[见图 4-4(b)、(c)]。

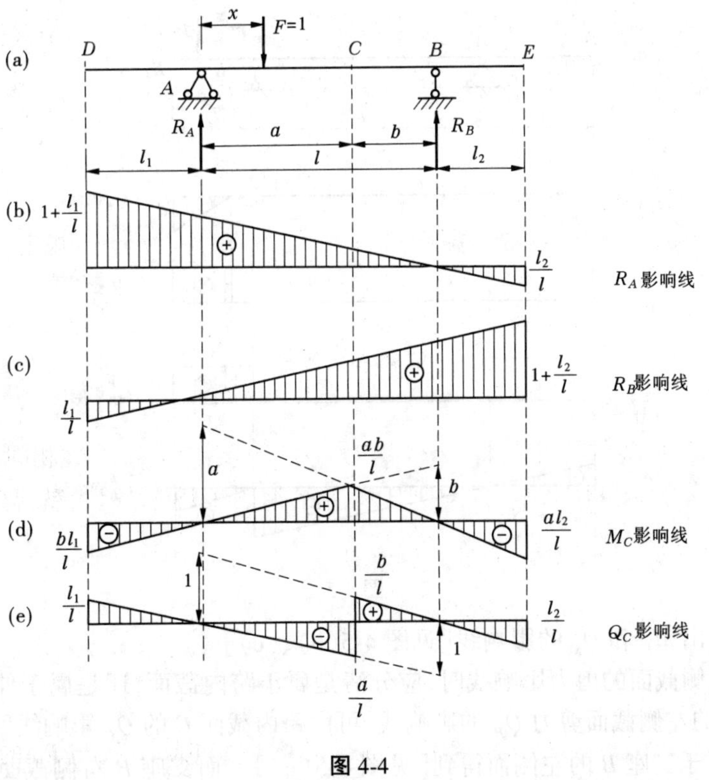

图 4-4

(二)跨内截面内力影响线

为求两支座间任一截面 C 的弯矩和剪力影响线,首先应写出影响线方程。当 $P=1$ 在截面 C 以左移动时,取截面 C 以右部分为隔离体,由平衡条件得

$$M_C = R_B \cdot b,\ Q_C = -R_B$$

当 $P=1$ 在截面 C 以右部分移动时,取截面 C 以左部分为隔离体,由平衡条件得

$$M_C = R_A \cdot a,\quad Q_C = R_A$$

由此可知,M_C 和 Q_C 的影响线方程和简支梁相应截面的相同。因而与作反力影响线一样,只需将相应简支梁截面 C 的弯矩和剪力影响线的左、右两直线向两伸臂部分延长,即可得到伸臂梁的 M_C 和 Q_C 影响线[见图 4-4(d)、(e)]。

(三)外伸部分截面的内力影响线

为了求外伸部分任一截面 K[见图 4-5(a)]的内力影响线,为计算方便,可取 K 点为坐标原点,x 仍以向右为正。当 $P=1$ 在 K 点以左移动时,取截面 K 的右边为隔离体,由平衡方程得

$$M_K = 0$$

$$Q_K = 0$$

当 $P=1$ 在 K 点右边移动时,仍取截面 K 的右边为隔离体,得

$$M_K = -x \qquad (0 \leqslant x \leqslant d)$$

$$Q_K = +1$$

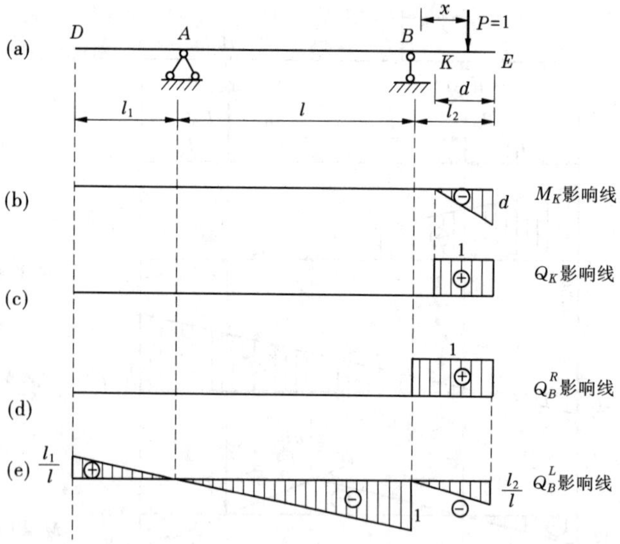

图 4-5

由此可作出 M_K 和 Q_K 的影响线[见图 4-5(b)、(c)]。

绘支座两侧截面的剪力影响线时,应分清是属于跨内截面,还是属于伸臂部分截面。例如,支座 B 的左侧截面剪力 Q_B^L 的影响线,可由跨内截面 C 的 Q_C 影响线[见图 4-4(e)]使截面 C 趋近于支座 B 的左侧而得到[见图 4-5(e)]。而支座 B 右侧截面的剪力 Q_B^R 的影响线可由 Q_K 的影响线使截面 K 趋近于 B 支座右侧而得到[见图 4-5(d)]。

最后需要指出,对于静定结构,由于其反力和内力影响线方程均为 x 的一次式,所以影响线都是由直线组成的。

(四)影响线与内力图的比较

影响线与内力图是截然不同的,初学者容易将两者混淆。尽管两者均表示某种函数关系的图形,但各自的自变量和因变量是不同的。现以简支梁弯矩影响线和弯矩图为例做比较如下(见图 4-6)。

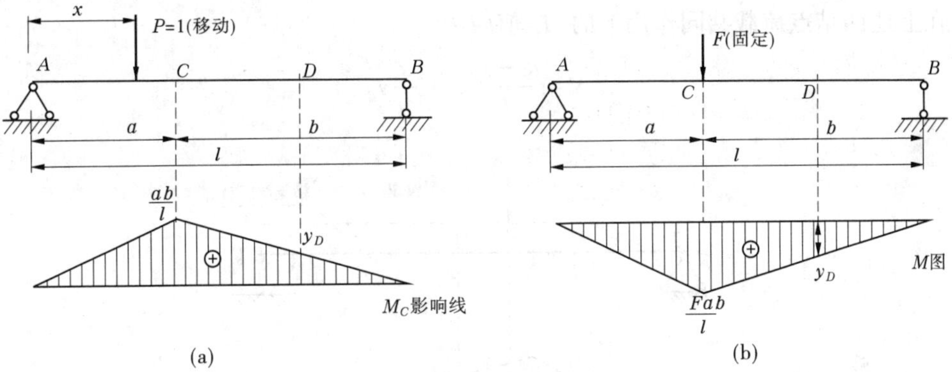

图 4-6

图 4-6(a)表示简支梁的弯矩 M_C 影响线,图 4-6(b)表示荷载 F 作用在 C 点时的弯矩图。两图形状相似,但各纵距代表的含义却截然不同。例如,D 点的纵距,在 M_C 影响线中,y_D 代表 $P=1$ 移动至 D 点时引起的截面 C 的弯矩的大小。而弯矩图中 y_D 代表固定荷载 F 作用在 C 点时产生的截面 D 的弯矩值 M_D。其他内力图与内力影响线的区别也是如此。

总结如下:

(1)弯矩影响线的每一个竖标均表示同一个截面上弯矩的大小,不同的竖标只是反映单位荷载位置的不同。

(2)弯矩图的竖标则表示对应截面弯矩的大小,不同的竖标表示不同的截面上弯矩的大小。

(3)影响线对应的是单位移动荷载,而弯矩图对应的是某一固定荷载。

任务三　间接荷载作用下的影响线

一、间接荷载

在桥梁及房屋建筑中的某些主梁计算时,常假定纵梁简支在横梁上,横梁再简支在主梁上,荷载直接作用在纵梁上,通过横梁传给主梁[见图 4-7(a)]。主梁只在放横梁处(结点处)受到集中力作用。对主梁而言,这种荷载称为间接荷载(或称结点荷载)。

二、纵横梁系中主梁内力的影响线

下面讨论在间接荷载作用下,主梁各种量值影响线的做法。现以主梁上截面 C 的弯矩影响线为例说明如下。

首先,当荷载 $P=1$ 移动到各结点处,如 A、D、E、F、B 处时,则与荷载直接作用在主梁上的情况完全相同。因此,荷载直接作用在主梁上时,M_C 影响线[见图 4-7(b)]中各结点处的纵距 y_A、y_D、y_E、y_F、y_B 也是主梁在间接荷载作用下各结点处 M_C 影响线的纵距。

其次,当荷载 $P=1$ 在任意两相邻结点 D、E 之间的纵梁上移动时,主梁将只在 D、E 两点处分别受到结点荷载$\frac{d-x}{d}$及$\frac{x}{d}$的作用[见图 4-7(c)]。由影响线的定义及叠加原理可知,在上述两结点荷载共同作用下的 M_C 值应为

$$y=\frac{d-x}{d}y_D+\frac{x}{d}y_E$$

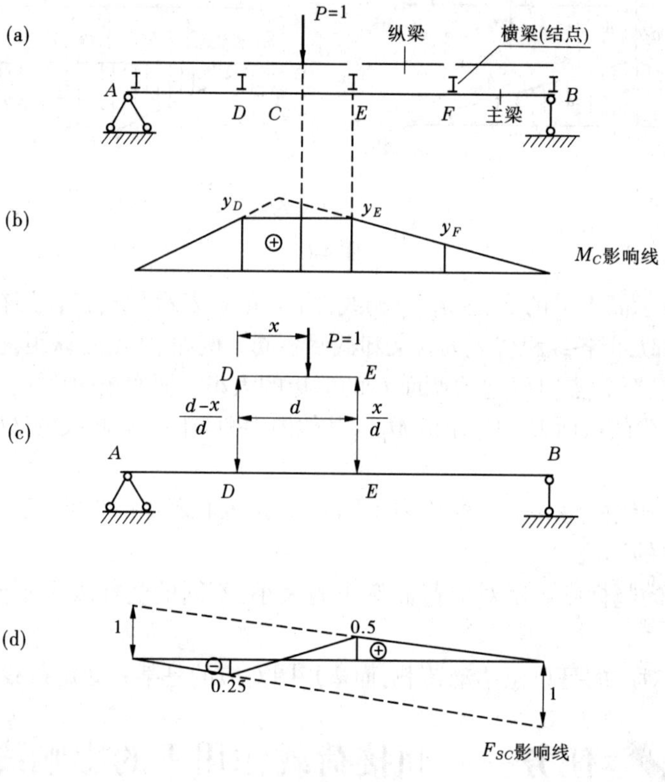

图 4-7

上式便是 $P=1$ 在纵梁 DE 段时,主梁 DE 段的影响线方程。

上式是 x 的一次式,表明在 DE 段内 M_C 的影响线是一直线。而且当 $x=0$ 时,$y=y_D$;当 $x=d$ 时,$y=y_E$。

可知此直线是连结纵距 y_D 及 y_E 的直线[见图 4-7(b)]。同理,当 $P=1$ 在其他各纵梁上移动时,主梁对应的各段的影响线也应是各段两结点处影响线纵距的连线。

综上所述,可得出如下结论:

(1)主梁上结点处影响线量值等于直接荷载作用下的量值。

(2)两结点之间影响线呈直线变化。

由此可总结出如下绘制间接荷载下主梁某量值影响线的方法:

(1)作出直接荷载作用下所求量值的影响线,确定各结点处的纵距。

(2)在每一根梁段范围内,将各结点处纵距连成直线,即为该量值的影响线。

按上述方法,不难绘出主梁截面 C 的剪力影响线[见图 4-7(d)]。

例题 4-1　间接荷载作用下主梁的某些量值的影响线如图 4-8 所示。

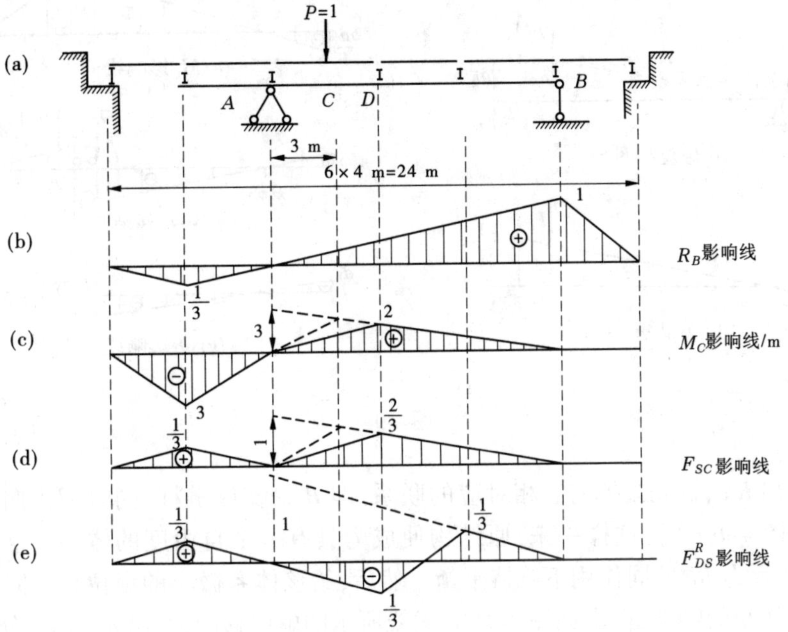

图 4-8

任务四　用机动法作静定梁的影响线

机动法是以虚位移原理为依据的。

虚位移原理指出,刚体体系受力系作用处于平衡的必要和充分条件是:在任何微小的虚位移中,力系所作的虚功总和为 0。所谓虚位移,必须符合约束条件的微小位移。

静定结构是没有多余约束的几何不变体系,必须解除一个约束,才能成为具有一个自由度的几何可变体系,体系上所有点的位移可以由某一点的虚位移来确定。

由于在结构设计中往往只需要知道影响线的轮廓,而机动法能不经计算就可迅速绘出影响线的轮廓,这对设计工作很有帮助。另外,也可对静力法绘制的影响线进行校核。

一、单跨静定梁的影响线

下面以绘制图 4-9(a)所示外伸梁支座 B 的反力 R_B 影响线为例来说明机动法作影响线的原理和步骤。

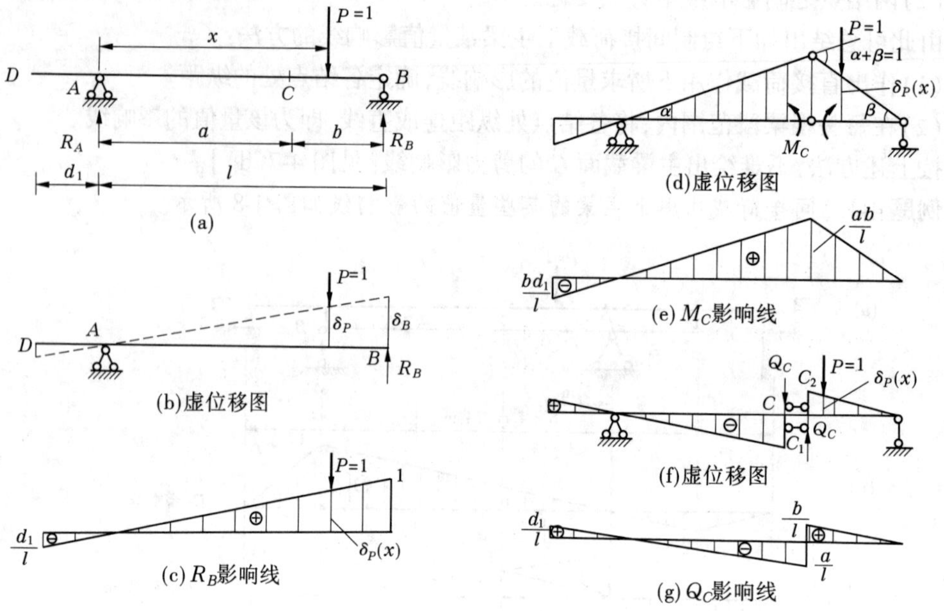

图 4-9

为了求出 R_B，首先去掉与它相对应的联系，即 B 处支座链杆，同时用正向的未知力 R_B 代替[见图 4-9(b)]，这样一来，原结构便成为具有一个自由度的体系。这个体系在 R_B、P 和支座反力 R_A 共同作用下维持平衡。然后，给该体系微小的虚位移，即使刚片 DB 绕 A 点发生微小的转动，得出如图 4-9(b)虚线所示的虚位移图，并以 δ_B 和 δ_P 分别表示与 R_B 和 P 相应的位移。根据虚位移原理，各力所做的虚功总和应等于 0，即

$$R_B\delta_B - P\delta_P = 0 \tag{4-1}$$

所以有

$$R_B = \frac{P\delta_P}{\delta_B} \tag{4-2}$$

以 $P=1$ 代入式(4-2)，得

$$R_B = \frac{\delta_P}{\delta_B} \tag{4-3}$$

式中：δ_P 为虚位移图上相应于单位荷载 $P=1$ 作用点的竖标；δ_B 为虚位移图上相应于未知力 R_B 作用点的竖标；R_B 为当单位荷载在不同位置时，支座 B 反力的值。

δ_B 和 δ_P 都是微小的，但是它们的比值却是有限的。当 $P=1$ 移动时，δ_P 随着 x 变化，是荷载位置参数 x 的函数，而 δ_B 则与 x 无关，是一个常数。由式(4-3)可知，R_B 与 δ_P 成正比，比例常数是 δ_B。

虚位移图的竖标与影响线的竖标成正比，也就是说虚位移图与影响线相似。那么，最简单的情形是令 $\delta_B = 1$，式(4-3)变为

$$R_B = \delta_P \tag{4-4}$$

而 δ_P 的虚位移图就成为 R_B 的影响线[见图 4-9(c)],同理可作 M_C、Q_C 的影响线[见图 4-9(e)、(g)]。

以上证明具有普遍性,由此可总结出如下机动法作影响线的步骤:

(1)解除与所求量值相对应的约束,代之以正值的约束反力。

(2)使机构沿所求量值的正方向发生虚拟单位位移,即位移图。

(3)在位移图上标纵坐标及正负号,就得到该量值的影响线。

二、多跨静定梁的影响线

作多跨静定梁影响线,需要分清它的基本部分和附属部分及这些部分之间的相互约束关系,再利用单跨静定梁已知的影响线进行分析。多跨静定梁任一反力或内力影响线的一般做法如下:

(1)当 $P=1$ 在量值本身所在的梁段上移动时,量值的影响线与相应单跨静定梁相同。

(2)当 $P=1$ 在对于量值所在部分来说是基本部分的梁段上移动时,量值影响线的竖标为 0。

(3)当 $P=1$ 在对于量值所在部分来说是附属部分的梁段上移动时,量值影响线为直线。根据在铰处的竖标为已知和在支座处竖标为 0 等条件,即可将其绘出。

例题 4-2 用机动法作图 4-10(a)所示多跨静定梁的 M_B、M_K、$Q_{B右}$、$Q_{B左}$ 影响线,并用一般作法进行校核。

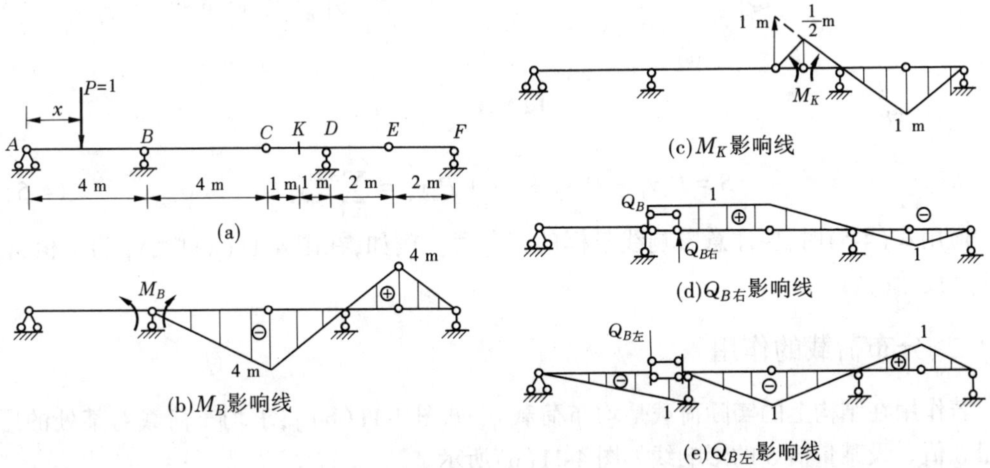

图 4-10

解:去掉与所求量值 M_B、M_K、$Q_{B右}$、$Q_{B左}$ 相应的约束,然后在所得的体系发生相应的单位位移,便可作出如图 4-10(b)、(c)、(d)、(e)所示的影响线,请读者用一般作法自行校核。

任务五 利用影响线求量值

前文讨论了影响线的绘制方法,现在开始讨论影响线的应用问题。本任务主要讲述如何利用影响线来求量值。

实际工程中最常见的移动荷载有集中荷载和均布荷载两种,下面就这两种荷载情况分别进行叙述。

一、集中荷载的作用

若作用在结构上的实际荷载是一组集中荷载 $P_1, P_2, \cdots, P_n$,它们的位置已知[见图 4-11(a)]。现在要计算这些荷载对某处某量值 S 所产生的总影响。$y_1, y_2, \cdots, y_n$ 分别为各相应荷载作用点的竖标,则由 P_1 产生的 S 值等于 P_1y_1,P_2 产生的 S 值等于 P_2y_2,依次类推,P_n 产生的 S 值等于 P_ny_n。根据叠加原理,可知在这组集中荷载作用下 S 值为

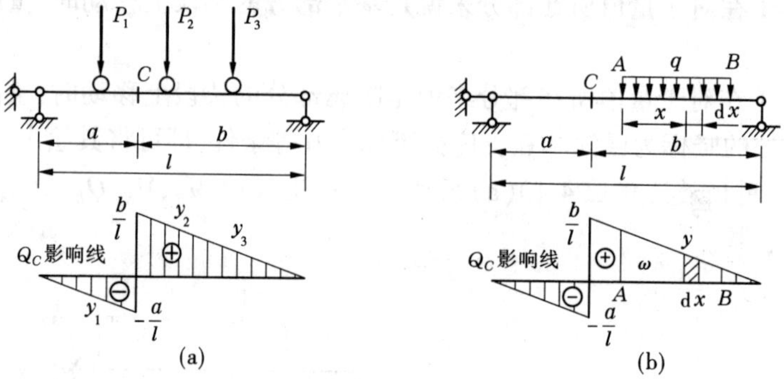

图 4-11

$$S = P_1y_1 + P_2y_2 + \cdots + P_ny_n = \sum_{i=1}^{n} P_iy_i \tag{4-5}$$

应用式(4-5)时,要注意影响线竖标的正负号。例如,在图 4-11(a)中,y_1 为负值,y_2 和 y_3 为正值。

二、分布荷载的作用

若作用在结构上的实际荷载是均布荷载 q[见图 4-11(b)],求均布荷载对某处的影响量 S 值。设某量值 S 的影响线如图 4-11(b)所示。

将均布荷载沿长度分割成许多无穷小的微段 dx,每一微段上的荷载 qdx 可作为一集中荷载,它所产生的 S 值为 $yqdx$,则作用于结构上的全部均布荷载所产生的 S 值为

$$S = \int_A^B yq\mathrm{d}x = q\int_A^B y\mathrm{d}x = q\omega \tag{4-6}$$

式中:ω 为影响线在分布荷载范围内的面积。

上述表明,均布荷载产生的 S 值等于荷载集度乘以分布荷载范围内影响线图形的面积。在计算面积 ω 时,同样要注意面积的正负号。

例题4-3　如图4-12(a)所示简支梁,受一组集中荷载作用,试利用支座的反力 R_A 影响线计算 R_A 的数值。

解:作 R_A 影响线,并求出有关的竖标值[见图4-12(b)]。

根据式(4-5),求得 R_A 为

$$R_A = 20 \times \frac{3}{4} + 40 \times \frac{1}{2} + 20 \times \frac{1}{4} = 40(\text{kN})$$

所得正号表示所产生的支座反力 R_A 与假设方向相同(向上)。

例题4-4　如图4-13所示,试利用 Q_C 影响线计算简支梁在图示荷载作用下 Q_C 的数值。

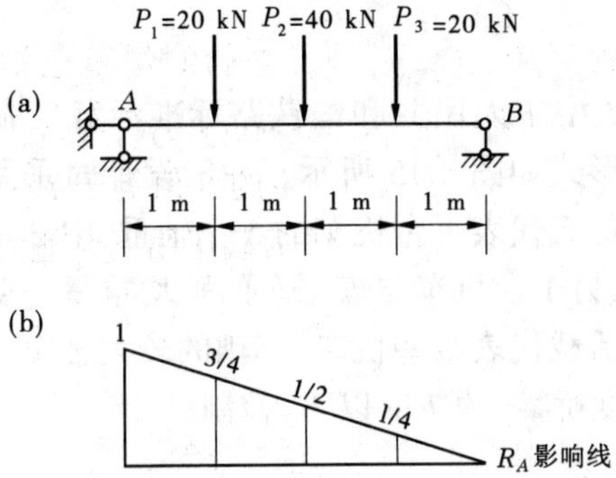

图4-12

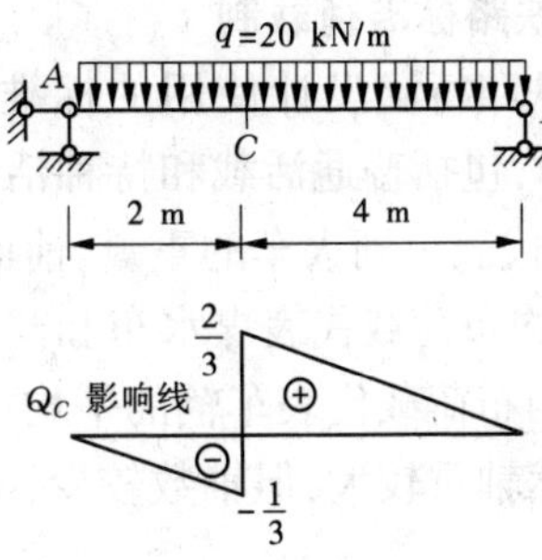

图4-13

解:作 Q_C 影响线,并求出有关的竖标值(见图4-13)。根据叠加原理,由式(4-6)可得

$$\begin{aligned} Q_C &= q\omega_1 + q\omega_2 \\ &= 20 \times \left(-\frac{1}{3} \times 2 \times \frac{1}{2}\right) + 20 \times \left(\frac{2}{3} \times 4 \times \frac{1}{2}\right) = 20(\text{kN}) \end{aligned}$$

所得正号表示所产生的剪力 Q_C 与假设方向一致。此结果与用材料力学的方式按平衡条件求出的 Q_C 值相同,请读者自行校核。

例题4-5　试利用影响线求如图4-14(a)所示简支梁在荷载作用下截面 C 的剪力。

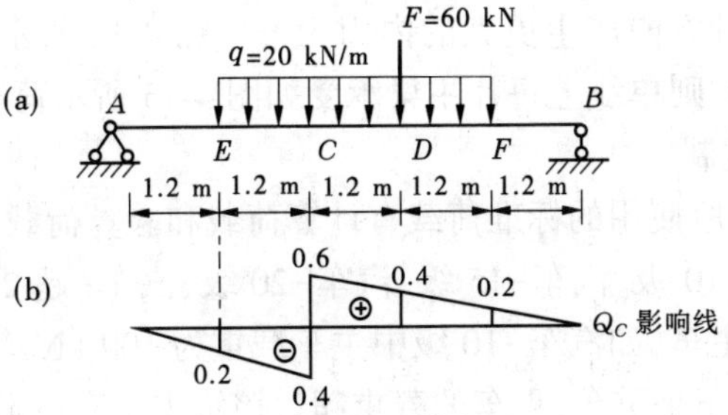

图4-14

解:首先作出 Q_C 影响线,并求有关竖标值[见图4-14(b)]。其次根据叠加原理,可得

$$\begin{aligned} Q_C &= Fy_D + q\omega \\ &= 60 \times 0.4 + 20 \times [1/2 \times (0.2 + 0.6) \times 2.4 - 1/2 \times (0.2 + 0.4) \times 1.2] \\ &= 36(\text{kN}) \end{aligned}$$

任务六　最不利荷载位置

一、铁路和公路的标准荷载制

铁路上行驶的机车、车辆，公路上行驶的汽车、拖拉机等，规格不一，类型繁多，载运情况也相当复杂。结构设计时不可能对每一种情况都进行计算，而是按照统一的标准荷载进行设计。这种荷载是经过统计分析制定出来的，它既能概括当前各种类型车辆的情况，又必须考虑到将来交通发展的情况。

(一)铁路标准荷载制

我国铁路桥涵设计使用的标准荷载，称为“中华人民共和国铁路标准活载”，简称“中-活载”，包括普通活载和特种活载两种，其形式如图 4-15 所示。一般设计时采用普通活载，它代表一列火车的重量，前面 5 个集中荷载代表 1 台机车的 5 个轴重，中部一段 30 m 长的均布荷载代表煤水车和与其相联挂的另 1 台机车与煤水车的平均重量。后面任意长的均布荷载代表车辆的平均重量。特种活载代表某些机车、车辆的较大轴重。特种活载虽然轴重较大，但轴数较少，故仅对小跨度桥梁（约 7 m 以下）控制设计。

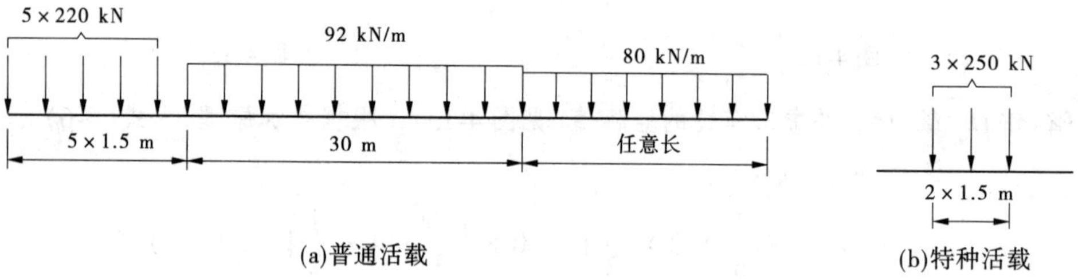

(a)普通活载　　(b)特种活载

图 4-15

梁使用中-活载时，可在图 4-15(a)中任意截取，但不得变更轴间距。列车可由左端或右端进入桥涵，视何种方向产生更大的内力为准。图 4-15 所示为单线上的荷载，若桥梁是由两片主梁组成的，则单线上每片主梁承受如图 4-15 所示荷载的一半。

(二)公路标准荷载制

我国公路桥涵设计所使用的标准荷载有计算荷载和验算荷载两种。计算荷载以汽车车队表示，分别为汽车-10 级、汽车-15 级、汽车-20 级、汽车-超 20 级 4 个等级。车队中的汽车有两种，一种是主车，如汽车-10 级中主车载重为 100 kN，轮压分别为 30 kN 和 70 kN（见图 4-16）；另一种车是重车，重车的载重超过该级中主车的载重量，在汽车-10 级中重车载重 150 kN，轮压分别为 50 kN 和 100 kN。

各级汽车车队的纵队排列情况如图 4-16 所示。各车辆之间的距离可随计算需要任意变更但不得小于图示车辆之间的距离。在每个车队中主车的数目亦可随计算需要任意布置，但重车只能安排一辆。设计中究竟选用哪一汽车等级，应根据结构设计任务而定。

验算荷载以履带车、平板挂车表示。关于履带车及平板挂车的纵向排列和横向布置，

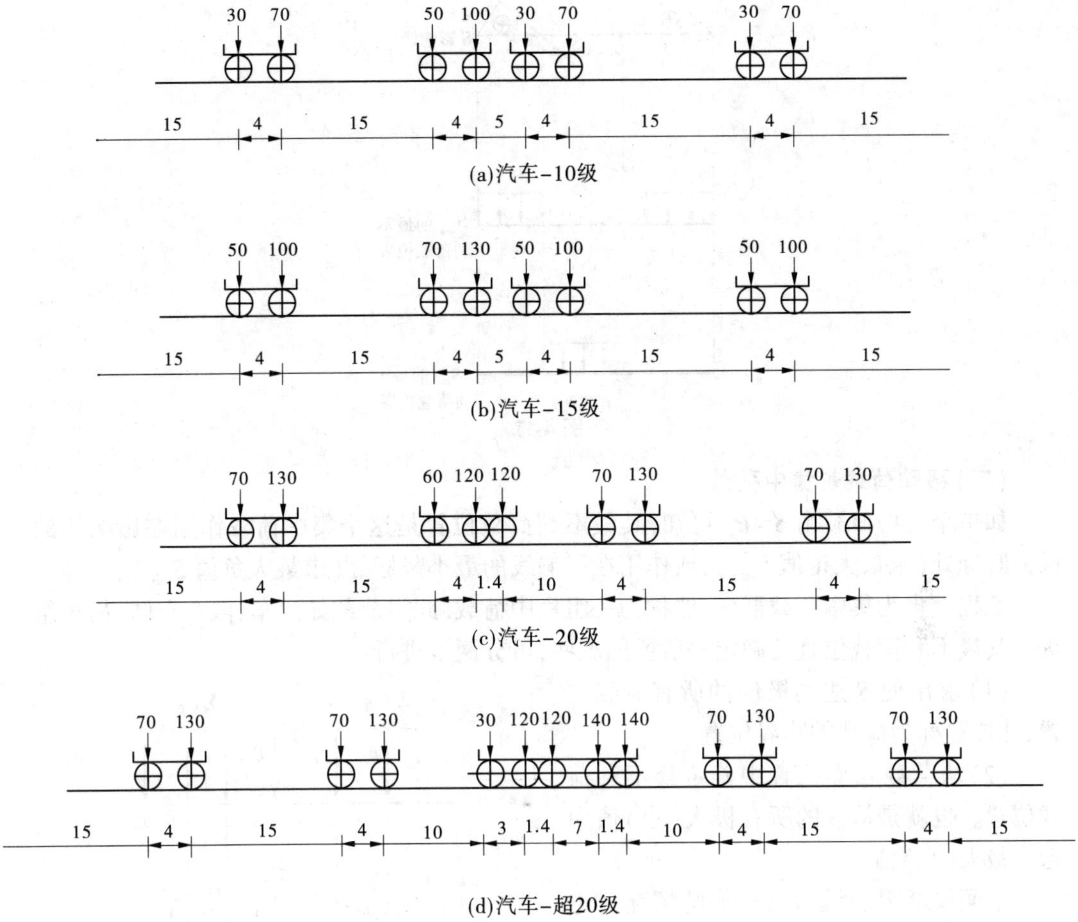

（轴重力单位：kN；尺寸单位：m）

图 4-16

详见《公路工程技术标准》（JTG B01—2014）。

二、最不利荷载位置的确定

影响线的应用在于以下方面：

（1）利用影响线求结构在固定荷载作用下某量值的数值，此种应用前文已介绍。

（2）利用影响线确定最不利荷载位置，即使结构某量值 S 达到最大值（包括最大正值和最大负值，最大负值也称为最小值）时的荷载位置。

只要所求某量值的最不利荷载位置一经确定，其最大值就可应用前文介绍的方法求出。

下面讨论如何利用影响线来确定最不利荷载位置。

（一）移动荷载是任意断续布置的均布荷载

此类荷载如人数、货物等。由式（4-6）即 $S=q\omega$ 可知，其最不利荷载位置是在影响线正号部分布满荷载（求最大正值 S_{max}），或在负号部分布满荷载（求最大负值 S_{min}）（见图 4-17）。

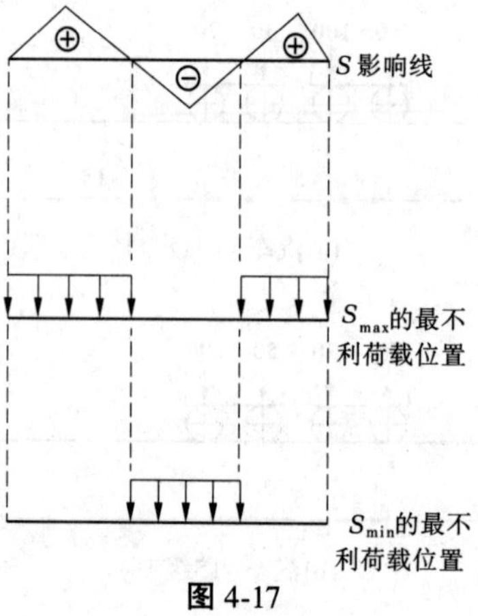

图 4-17

(二)移动荷载是集中荷载

如单个集中荷载由 $S=Py$ 可知,其最不利荷载位置是这个集中荷载作用在影响线的最大竖标处(求最大正值 S_{max}),或作用在影响线的最小竖标处(求最大负值 S_{min})。

工程上多为集中荷载群,一般称为一组集中荷载,此类荷载如火车、汽车车队、吊车组等。其最不利荷载位置的确定一般要困难些,可分两步进行:

(1)求出使 S 达到极值的所有荷载位置,此位置称为荷载的临界位置。

(2)从荷载临界位置中确定最不利荷载位置。也就是从 S 的所有极大(小)值中选出最大(小)值。

下面仅就影响线为三角形的情况讨论荷载临界位置的判定方法。

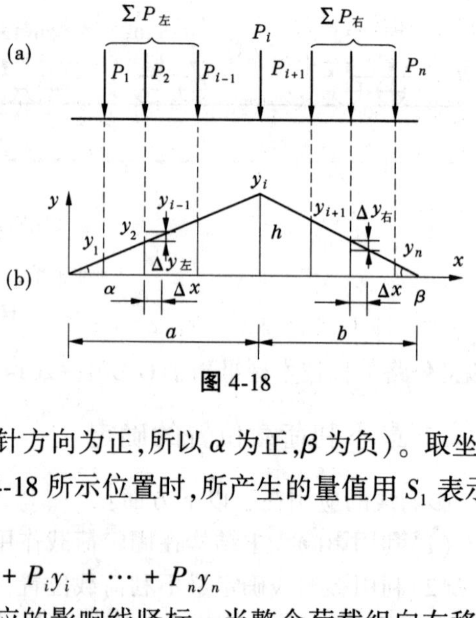

图 4-18

图 4-18(a)所示为一组集中荷载,荷载移动时,其间距和数值保持不变。图 4-18(b)所示为某量值 S 的影响线,为三角形,左段直线倾角为 α,右段直线倾角为 β(以逆时针方向为正,所以 α 为正,β 为负)。取坐标轴 x 向右为正,y 向上为正。设荷载组处于图 4-18 所示位置时,所产生的量值用 S_1 表示。根据叠加原理,则

$$S_1 = P_1 y_1 + P_2 y_2 + \cdots + P_i y_i + \cdots + P_n y_n$$

式中:$y_1, y_2, \cdots, y_i, \cdots, y_n$ 分别为各集中荷载对应的影响线竖标。当整个荷载组向右移动一个微距离 Δx 时,相应的量值 S_2 为

$$S_2 = P_1(y_1 + \Delta y_1) + P_2(y_2 + \Delta y_2) + \cdots + P_i(y_i + \Delta y_i) + \cdots + P_n(y_n + \Delta y_n)$$

式中:Δy_i 为 P_i 所对应的影响线竖标增量。

S 的增量为

$$\Delta S = S_2 - S_1 = P_1 \Delta y_1 + P_2 \Delta y_2 + \cdots + P_i \Delta y_i + \cdots + P_n \Delta y_n$$

在影响线为同一直线的部分,各竖标的增量都是相等的,对图 4-18(b)所示情况有

$$\Delta y_1 = \Delta y_2 = \cdots = \Delta y_i = \Delta x \cdot \tan\alpha = \Delta x \frac{h}{a}$$

$$\Delta y_{i+1} = \cdots = \Delta y_n = \Delta x \cdot \tan\beta = -\Delta x \frac{h}{b}$$

于是 ΔS 可写为

$$\Delta S = (P_1 + P_2 + \cdots + P_i)\frac{h}{a}\Delta x - (P_{i+1} + \cdots + P_n)\frac{h}{b}\Delta x \tag{4-7}$$

由高等数学可知,函数的极值,或发生在$\frac{dS}{dx}=0$处,或发生在$\frac{dS}{dx}$改变符号处,在我们所讨论的问题中,由于影响线是由折线组成的,荷载组是由集中力组成的,导数$\frac{dS}{dx}$不是连续函数,因此临界位置不可能从$\frac{dS}{dx}=0$的条件中求出,于是 S 的极值应发生在$\frac{dS}{dx}$改变符号处。这一极值条件可用增量 ΔS 是否改变符号来判定,即当 ΔS 改变符号时,则 S 有极值。

由式(4-7)可知,当没有集中荷载经过影响线的顶点时,ΔS 是一个不变的常数值,因此要使 ΔS 改变符号,只有在某一个荷载从一段移向另一段的情况下才有可能。这就需要这个荷载越过影响线的顶点。由此可以得出结论:只有当荷载组中的某一个荷载位于影响线顶点时,才有可能是临界位置。但这不是充分条件,因为荷载越过影响线的顶点虽然能使 ΔS 的大小发生变化,但并不一定就能使 ΔS 改变符号。只有那种既越过影响线顶点又能使 ΔS 改变符号的荷载才会使 S 产生极值。这一荷载即为临界荷载,以 P_K 表示。与此相应的荷载位置即是临界位置。显然,当 P_K 位于影响线顶点时,它应满足如下极值条件:

(1)当 ΔS 由大于0变为小于0或等于0,有时由等于0变为小于0时,S 为极大值。

(2)当 ΔS 由小于0变为大于0或等于0,有时由等于0变为大于0时,S 为极小值。

当求极大值时,根据式(4-7),可将上述极值条件表示为

$$(P_1 + P_2 + \cdots + P_K)\frac{h}{a}\Delta x - (P_{K+1} + \cdots + P_n)\frac{h}{b}\Delta x \geqslant 0$$

$$(P_1 + P_2 + \cdots + P_{K-1})\frac{h}{a}\Delta x - (P_K + P_{K+1} + \cdots + P_n)\frac{h}{b}\Delta x \leqslant 0$$

以 $R_{左}$ 表示 P_K 左方荷载的合力,$R_{右}$ 表示 P_K 右方荷载的合力,则上面两个不等式可写为

$$\left.\begin{aligned}\frac{R_{左} + P_K}{a} \geqslant \frac{R_{右}}{b}\\ \frac{R_{左}}{a} \leqslant \frac{R_{右} + P_K}{b}\end{aligned}\right\} \tag{4-8}$$

这两个不等式就是判定临界荷载的依据,称为三角形影响线临界荷载判别式。经过几次计算,就可以确定临界荷载。

在一般情况下,临界位置可能不止一个,这就需要将与各临界位置相应的 S 极值均求

出，然后从中选出最大值或最小值，而其相应的荷载位置即为最不利荷载位置。为了减少试算次数，事先大致估计最不利荷载位置，其原则是：把数量大、排在中间、排列密集的荷载放在影响线最大的竖标附近。

例题 4-6 试求如图 4-19(a)所示简支梁在图示吊车荷载作用下截面 C 的最大弯矩。已知 $P_1=P_2=478.5\ \text{kN}$，$P_3=P_4=324.5\ \text{kN}$。

解： 先作出 M_C 影响线，为三角形。经观察，P_2、P_3 很可能是临界荷载，分别按式(4-8)进行验算。

首先，将 P_2 置于 C 点[见图 4-19(b)]，有

$$\frac{2\times 478.5}{6} > \frac{324.5}{6}$$

$$\frac{478.5}{6} < \frac{478.5+324.5}{6}$$

由此可知，所示位置是临界位置，相应的 M_C 值为

$$M_C = 478.5\times(0.375+3.0)+324.5\times 2.275 = 2\ 353.2(\text{kN}\cdot\text{m})$$

其次，将 P_3 置于 C 点[见图 4-19(c)]，有

$$\frac{478.5+324.5}{6} > \frac{324.5}{6}$$

$$\frac{478.5}{6} < \frac{2\times 324.5}{6}$$

由此可知，此位置亦为临界位置，相应的 M_C 值为

$$M_C = 478.5\times 2.275+324.5\times(3.0+0.6) = 2\ 256.8(\text{kN}\cdot\text{m})$$

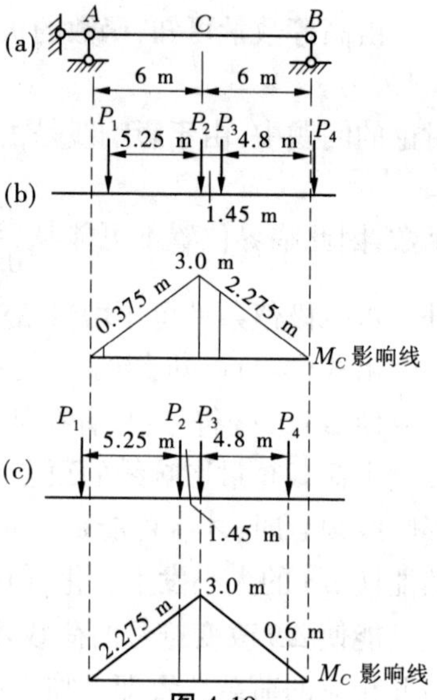

图 4-19

比较上式计算，可知 P_2 置于 C 点[见图 4-19(b)]时为最不利荷载位置，M_C 的最大值为 2 353.2 kN·m。

顺便指出，当荷载组中包含的集中荷载很多时，利用式(4-8)先判定临界荷载，然后算出对应的 S 值，其中最大者即为 $S_{\max}$，这种做法较为方便；但是对于只含较少集中荷载的情况，则可不必判定临界荷载，只需将它们分别置于影响线顶点算出 S 值，然后取其大者，这种做法将会更简单、清晰。

例题 4-7 试求如图 4-20(a)所示简支梁在图示移动荷载作用下截面 C 的最大剪力。已知 $P_1=P_2=P_3=P_4=40\ \text{kN}$。

解： 先作出 Q_C 影响线，它由两个直角三角形所组成，对于这种形式的影响线，临界荷载判别式(4-8)已不适用。

经分析(可参阅有关教材)可知，剪力 Q_C 出现极值时，必须有一个集中荷载位于 Q_C 影响线的顶点。其中，集中荷载位于上顶点时将出现极大值，集中荷载位于下顶点时将出现极小值。

根据以上求极值的条件，为了求得 Q_C 的最大值，应该把 P_1 置于 C 点的右边(相隔一个微小距离)，这时 P_4 不在梁上，而 AC 段也没有荷载[见图 4-20(b)]，所以

$Q_{C\max} = 40 \times (0.6 + 0.4 + 0.2) = 48(\text{kN})$

例题 4-8　试求如图 4-21(a)所示简支梁在公路-Ⅰ级车道荷载作用下截面 K 的最大弯矩值。

解:(1)作出 M_K 的影响线[见图 4-21(b)]。

(2)把公路-Ⅰ级荷载布置在梁上,当 P_K 作用于 M_K 影响线的定点时,才是最不利荷载位置[见图 4-21(c)]。利用内插法确定集中力 P_K 的大小。

当 $l=5$ m 时,$P_K=180$ kN;当 $l=50$ m 时,$P_K=360$ kN;则当 $l=18$ m 时,$P_K = 180+\dfrac{18-5}{50-5}\times(360-180)=232(\text{kN})$。

所以,$M_{K\max} = 232 \times 4 + 10.5 \times \dfrac{1}{2} \times 18 \times 4 = 1\ 306(\text{kN}\cdot\text{m})$。

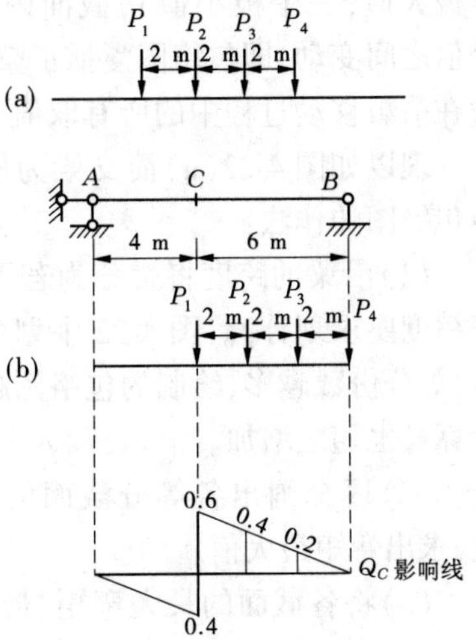

图 4-20

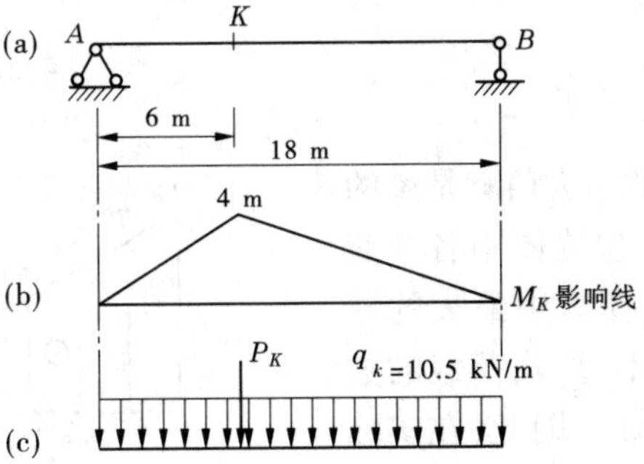

图 4-21

任务七　简支梁的内力包络图和绝对最大弯矩

在结构设计中,必须求出恒载和移动活载共同作用下全梁各截面弯矩、剪力的最大(小)值,作为结构设计的依据。将梁沿跨度分成若干等份,利用内力的影响线,求出各等分点的内力最大值和最小值,用光滑曲线将最大值连成曲线,将最小值也连成曲线,由此得到的图形即为内力包络图。从这个图上能清楚地看出各截面某一内力的最大值、最小值的变化规律,还可以找出该内力的绝对最大值及其所在的截面的位置。

一、内力包络图

梁的内力包络图有两种:弯矩包络图和剪力包络图。

包络图与梁的内力图一样,全面反映了内力沿梁轴线的分布规律。但是梁内力图中,每一个截面只有一个确定的内力值。而梁的包络图中,每一个截面有两个内力极值(一个极大值,一个极小值),截面内力在这两个值之间变动,即包络图囊括了整个梁的内力在荷载移动过程中的所有取值。

现以如图 4-22(a)简支梁为例,说明弯矩包络图的作法:

(1)沿梁的跨度将梁分为若干等份(根据精度要求划分)。图 4-22 中划分为 10 等份,等分份数越多,绘制的包络图越精确,但计算量也随之增加。

(2)逐个画出各等分截面的弯矩影响线,求出弯矩最大值。

(3)将各截面的最大弯矩、最小弯矩在基线上用纵距标出,然后用曲线相连即得弯矩包络图[见图 4-22(b)]。同理,可作出剪力包络图[见图 4-22(c)]。

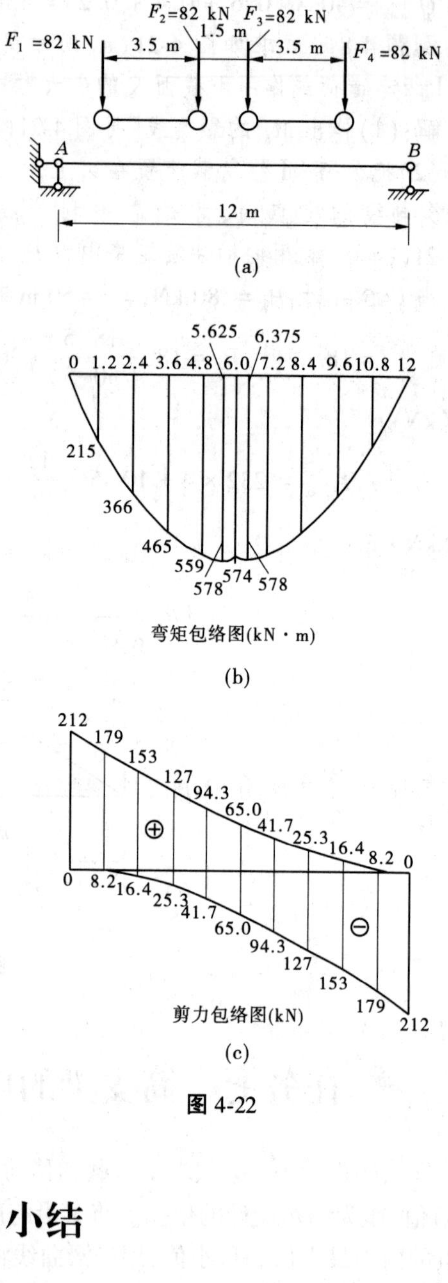

(a)

弯矩包络图(kN · m)

(b)

剪力包络图(kN)

(c)

图 4-22

二、绝对最大弯矩

显然,弯矩包络图上的最大值就是梁的绝对最大弯矩。比较弯矩包络图中各个荷载作用点的最大弯矩,选择其中最大的一个,就是绝对最大弯矩。不过,当荷载的数目较多时,这样作图很麻烦。因此,在实际计算中,可以先估计出绝对最大弯矩的临界荷载,而不必都加以比较。因为绝对最大弯矩通常发生在梁的中点附近,故可设想,使梁的中点发生最大弯矩的临界荷载也就是发生绝对最大弯矩的临界荷载。经验证明,这种设想在一般情况下都是与实际相符的。

项目小结

1. 名词解释

(1)固定荷载:是指作用点、方向及大小保持不变的荷载。

(2)移动荷载:是指荷载的位置随时间变化而改变的荷载。

(3)影响线:单位荷载在结构上移动时,表示结构某指定截面处的某一量值变化规律的函数图形,称为该量值的影响线。

(4)间接荷载:主梁在结点处承受集中力,即主梁承受的是结点荷载,也称为间接荷载。

(5)最不利荷载位置:使结构某量值 S 达到最大值(包括最大正值和最大负值,最大负值也称为最小值)时的荷载所处的位置。

(6)内力包络图:是指结构在移动荷载作用下,每一截面内力的最大值(最大正值和最大负值)连成的曲线。

(7)绝对最大弯矩:弯矩包络图中的最大竖标称为绝对最大弯矩,它是该简支梁各截面的所有最大弯矩中的最大值。

2. 机动法作影响线的步骤

机动法作影响线的步骤如下:

(1)解除与所求量值相对应的约束,代之以正值的约束反力。

(2)使结构沿所求量值的正方向发生虚拟单位位移,即位移图。

(3)在位移图上标纵坐标及正负号,就得到该量值的影响线。

习　题

4-1　作图 4-23 所示悬臂梁 F_{RA}、M_C、Q_C 的影响线。

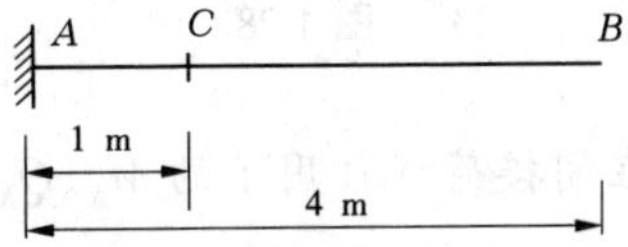

图 4-23

4-2　作图 4-24 所示梁 M_A、R_B 的影响线。

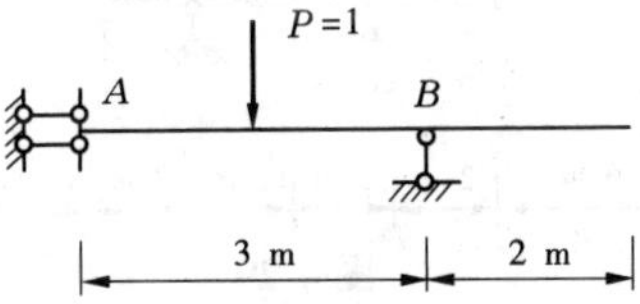

图 4-24

4-3　作图 4-25 所示外伸梁的 R_A、Q_C、M_C、$Q_{A左}$、$Q_{A右}$ 的影响线。

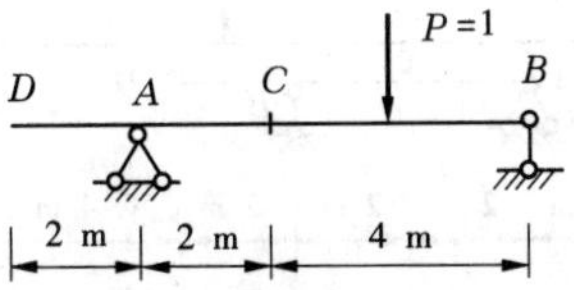

图 4-25

4-4　作图 4-26 所示外伸梁的 R_A、Q_C、M_C、$Q_{B左}$、$Q_{B右}$ 的影响线。

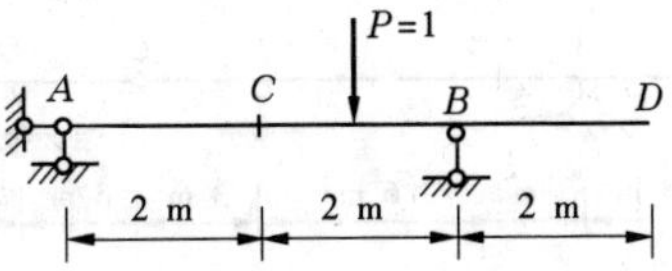

图 4-26

4-5　作图 4-27 所示外伸梁的 M_A、M_C、$Q_{A左}$、$Q_{A右}$ 的影响线。

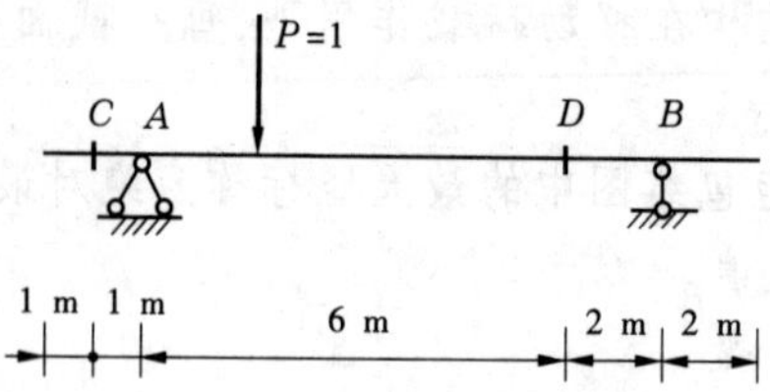

图 4-27

4-6　作图 4-28 所示结构中截面 C 的 M_C、Q_C 的影响线。

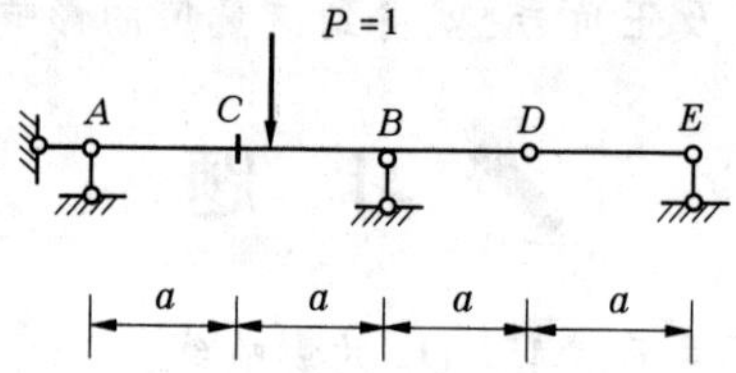

图 4-28

4-7　作图 4-29 所示主梁在间接荷载作用下的 M_K、Q_K 的影响线。

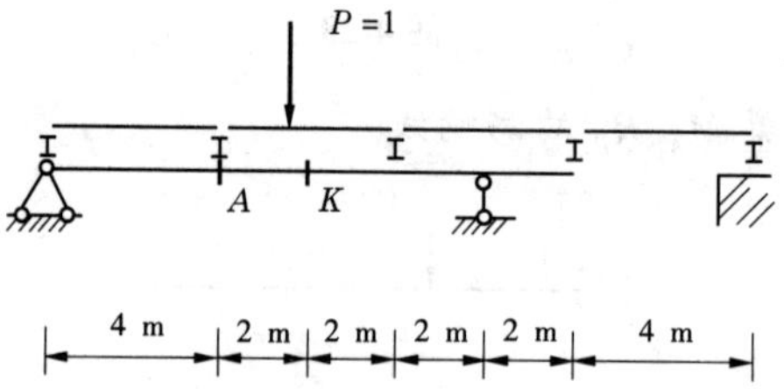

图 4-29

4-8　作图 4-30 所示梁的 R_A、R_B、$Q_{B左}$、M_C 的影响线。

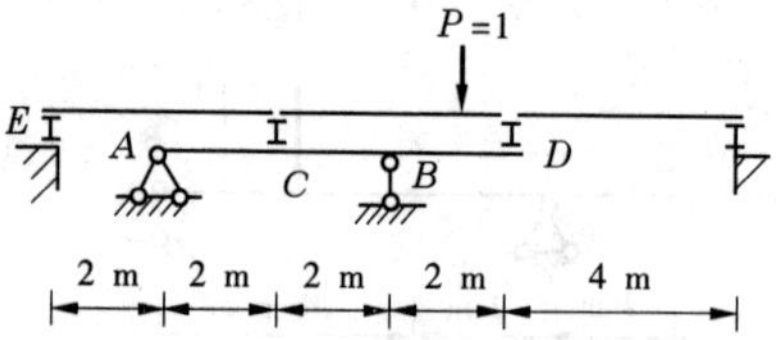

图 4-30

4-9　用机动法作图 4-31 所示静定多跨梁的 R_B、M_E、$Q_{B左}$、$Q_{B右}$、Q_C 的影响线。

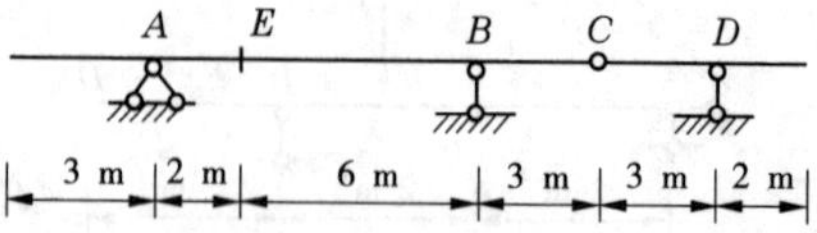

图 4-31

4-10　用机动法作图 4-32 所示梁的 R_B、M_B、M_K 的影响线。

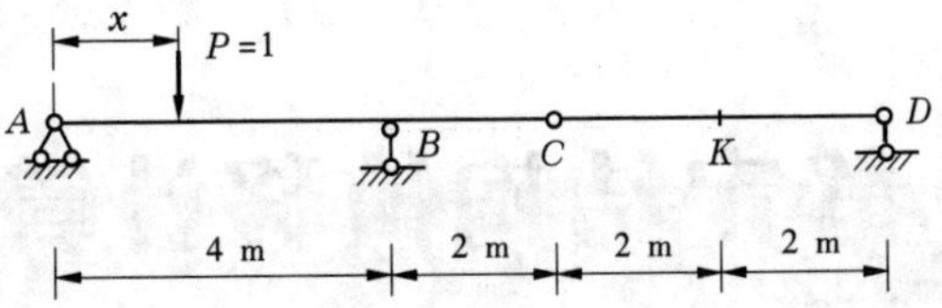

图 4-32

4-11　试用影响线求图 4-33 所示结构中指定量值。

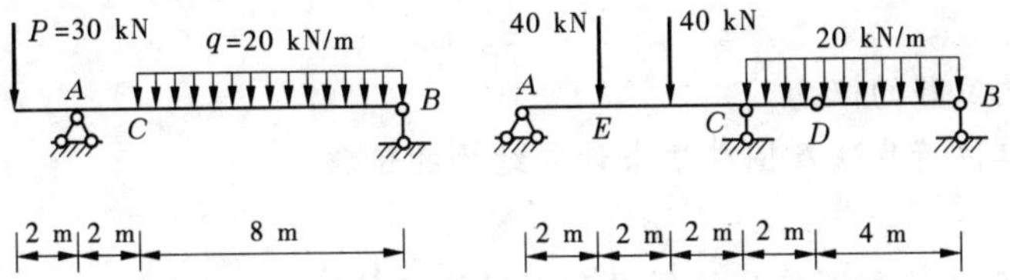

(a)计算 M_C 、Q_C　　(b)计算 R_C 、M_E

图 4-33

4-12　用影响线求图 4-34 所示结构中指定量值。

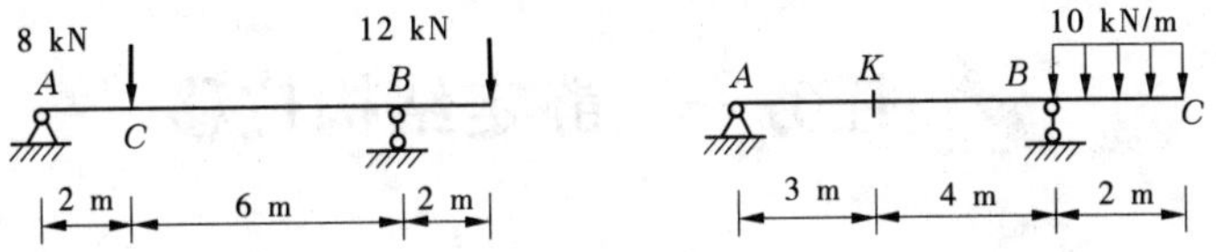

(a)计算 R_B、M_C　　(b)计算 R_A、R_B 、Q_K

图 4-34

4-13　用影响线求图 4-35 所示结构中指定量值。

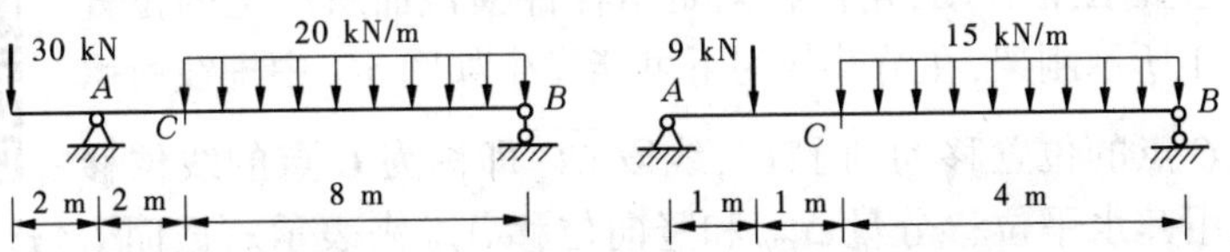

(a)计算 R_A、M_C 、Q_C　　(b)计算 M_C 、Q_C

图 4-35

项目五 静定结构位移计算

学习目标

【知识目标】

(1)掌握结构位移的概念。

(2)掌握用单位荷载法及图乘法来计算结构的位移。

【能力目标】

能够用单位荷载法和图乘法计算梁和刚架的位移。

【思政目标】

培养学生理性批判、求真求实的科学态度。

任务一 静定结构位移

一、位移的概念

结构受到荷载作用时将会发生变形,因而结构上各点或截面的位置可能发生改变,即产生位移。结构的位移通常可分为线位移和角位移两种,线位移是指结构上各点产生的位置移动,角位移则是指杆件横截面所产生的位置转动。如图 5-1 所示刚架,在荷载作用下可能发生如图 5-1 中虚线所示的变形,其中 C 点的位置移动到了 C',线段 $\overline{CC'}$ 即称为 C 点的线位移 Δ_C,它亦可以用其水平位移分量 Δ_{CH} 和竖向位移 Δ_{CV} 来表示。截面 C 的方向由 CO 转动到了 OC',转角 $\angle COC'$ 即成为截面 C 的角位移 φ_C。

码 5-1 结构位移的基本概念

二、位移产生的原因

使结构产生位移的因素,主要有以下 3 个方面:

(1)荷载。结构在荷载作用下将会产生内力,因而可能使结构产生位移。

(2)温度变化。凡材料都有热胀冷缩的物理性能,故当结构周围的温度发生变化时,有可能使结构产生位移。

(3)支座位移。若地基发生沉降,则结构的支座将会发生移动或转动,因而也可能使结构产生位移。

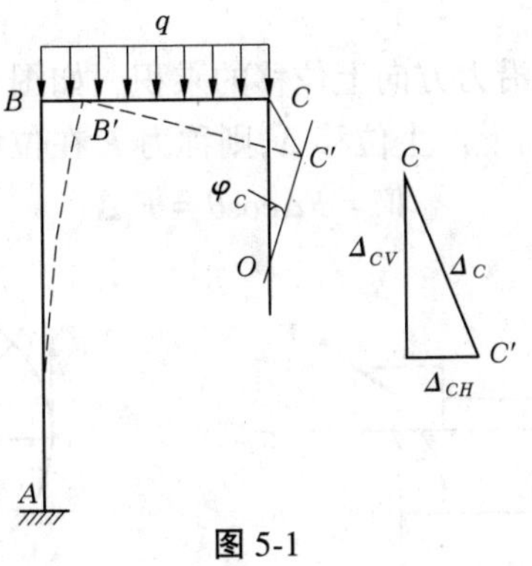

图 5-1

除上述因素外，其他如材料的干缩、混凝土的凝结收缩及结构构件的尺寸制作误差等，也可能使结构产生位移。

三、计算结构位移的目的

计算结构位移主要有以下 3 个目的：

(1)结构刚度的校核。在结构设计时，不仅要保证具有足够的强度，而且应当满足一定的刚度要求。因为结构的刚度是以变形或位移来量度的，所以在刚度校核时，需要计算结构的位移。

(2)计算超静定结构。超静定结构是有多余约束的，所以计算超静定结构的内力和反力时，除应用静力平衡条件外，还必须考虑结构的变形协调条件。因此，计算超静定结构建立变形协调方程时，也必须计算结构的位移。

(3)为生产使用提供位移数据。有时，为了满足设计对结构外形的要求，需要预先计算并考虑结构的位移。例如，对于大跨度的梁和屋架，在制作时常需预先起拱，这样就可以避免在使用状态下产生明显的位移。如图 5-2 所示即为屋架在制作时，预先留有起拱量 S 的情况。又如，多跨钢桁桥常采用悬臂拼装的方式施工，为确保桥段的顺利合龙就位和桥面的顺直，也需要对结构在施工过程中的位移进行计算，以便在施工中采取相应的措施。

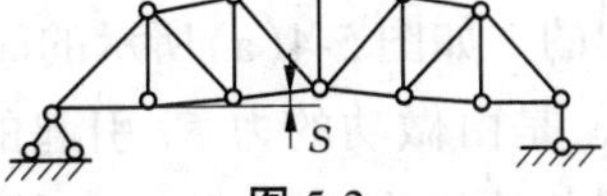

图 5-2

任务二　结构位移计算

一、虚功原理

位移计算虽然是一个几何问题，但最好的解法并不是几何法，而是虚功法。这里首先了解功和虚功原理，然后应用虚功原理计算刚体体系的位移。

(一)功的概念

功为所受力与其作用点沿力方向上位移的乘积。如图 5-3(a)所示,设恒力 F 作用在物体上,并使物体在水平方向上产生位移 Δ,则称力 F 在位移 Δ 上做了功,其大小为

$$W = F\Delta\cos\theta = F_x\Delta$$

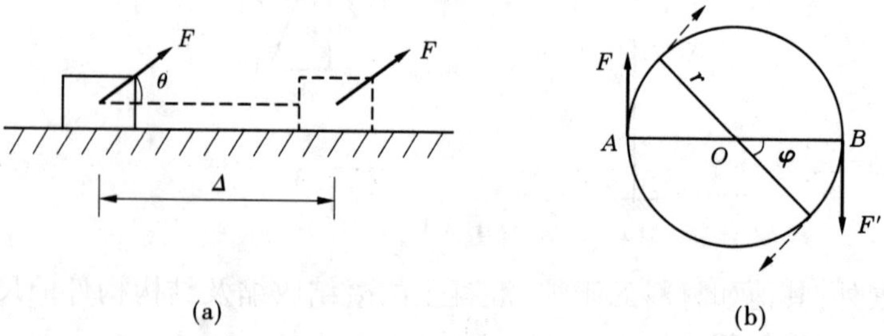

图 5-3

如果一对大小相等、方向相反的力 F 作用于圆盘的 A、B 两点上[见图 5-3(b)],设圆盘转动时,力 F 的大小不变而方向始终垂直于直径 AB。当圆盘转过一角度 φ 时,两力所做的功为

$$W = 2Fr\varphi = M\varphi$$

式中:$M=2Fr$,即力偶所做的功等于力偶矩与角位移的乘积。

由上述可知,功包含了两个因素:力和位移。若用 F 表示广义力,用 Δ 表示广义位移,则功的一般表达式为

$$W = F\Delta$$

(二)广义力和广义位移

凡是做功的力统称为广义力,相应的位移统称为广义位移;若广义力为集中力,则相应的广义位移是线位移;若广义力为集中力偶,则相应的广义位移是角位移。

广义力可以有不同的量纲,相应的广义位移也可以有不同的量纲(单位),但做功时其乘积恒具有功的量纲。

(三)实功和虚功

功是力与位移的乘积,根据力与位移的关系可将功分为以下两种情况:

(1)位移是由做功的力引起的。如图 5-4(a)所示的简支梁,在力 F_1 作用下产生的变形如图 5-4 中实线所示,位移 Δ_{11} 是由做功的力 F_1 引起的。力 F_1 本身引起的位移对力 F_1 而言为实位移,力在其自身引起的位移(实位移)上所做的功称为实功。此时的状态称为力状态,也叫第一状态。

(2)位移不是由做功的力引起的,而是由其他因素引起的。如图 5-4(a)所示,简支梁达到实线所示位置,然后再在梁上作用力 F_2,使梁继续发生变形到虚线所示位置。此时,力 F_1 作用点有位移 Δ_{12},但是该位移不是由 F_1 引起的,而是由力 F_2 引起的,因此对于力 F_1 而言,位移 Δ_{12} 是虚位移,力 F_1 在其他因素引起的位移(虚位移)上所做的功称为虚功。此时的状态称为位移状态,也叫第二状态。

这时,第一状态 F_1 在第一状态对应的位移 Δ_{11} 上所做的功为实功,即

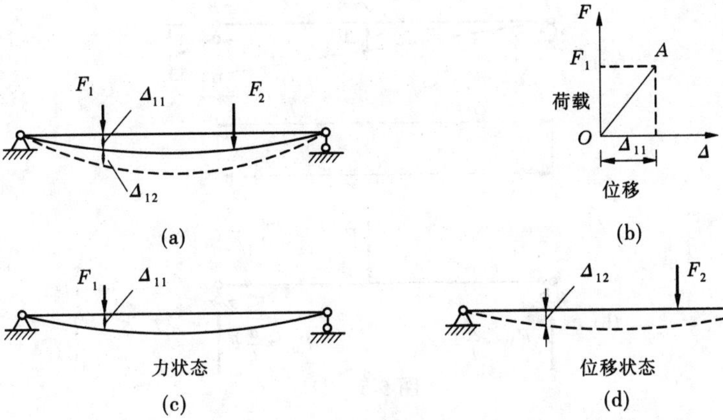

图 5-4

$$W_{11} = \frac{1}{2}F_1\Delta_{11}$$

力状态中的力 F_1 在位移状态中对应的位移 Δ_{12} 上所做的功为虚功，即

$$W_{12} = F_1\Delta_{12}$$

式中：Δ 有两个脚标，第一个脚标表示位移发生的位置和方向，第二个脚标表示位移发生的原因，由此可见，虚功要求做功的力和位移之间毫不相关，因此做虚功必须具备两种毫不相关的状态。

(四)虚功原理

虚功并非不存在，只是强调做功过程中力与位移彼此无关。使力做虚功的位移，可以是其他荷载引起的位移，也可以是温度变化、支座移动等其他因素引起的位移，还可以是虚设的虚位移。所谓虚位移，是指为约束条件所允许的任何微小的位移，它可能发生，也可能不发生。既然位移状态是可以虚设的，同样，力状态也可以是虚设的。

1. 刚体虚功原理

刚体处于平衡状态的充分必要条件是，外力所做的虚功之和恒等于 0，即

$$W_{外} = 0 \tag{5-1}$$

2. 虚功方程的两种应用

用虚位移求未知力。虚位移法就是虚设位移状态，利用虚功方程求未知力。这种形式的应用，即为虚位移原理。

用虚载荷法求未知位移。虚载荷法就是虚设力状态，利用虚功方程求位移。这种形式的应用，即为虚载荷原理。虚位移原理和虚载荷原理统称为虚功原理。

例题 5-1　求如图 5-5(a)所示静定梁，它的支座 B 向下移动距离 c 时，C 点的竖向位移 Δ_{Cy}。

解：图 5-5(b)为虚设的力状态，根据刚体虚功原理[见式(5-1)]：

$$F\Delta_{Cy} - F_{By}c = 0$$

由平衡方程可求出：

$$F_{By} = \frac{a}{l}F$$

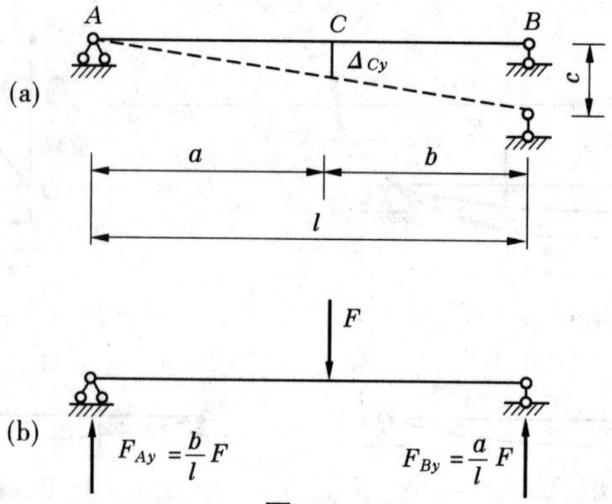

图 5-5

带入 F_{By} 值，则

$$\Delta_{Cy}=\frac{a}{l}c$$

为计算方便，可在虚设力系中令 $F=1$。这一沿所求位移方向虚设单位荷载 $F=1$ 的方法称为单位荷载法。

3. 变形体虚功原理

对于变形体而言，外力虚功不再等于 0，因为变形内力需要做功。经证明，变形体处于平衡状态的必要与充分条件是，外力在对应的位移上所做的外力虚功总和等于各微段上的内力在其对应的变形体上所做的内力虚功总和，即

$$W_{外}=W_{内} \tag{5-2}$$

二、荷载作用下结构位移计算公式

设结构在一组荷载 F_1、F_2 作用下发生如图 5-6(a) 中虚线所示的变形，现在要求任一指定点 K 沿任一指定方向 KK' 上的位移 Δ_K。

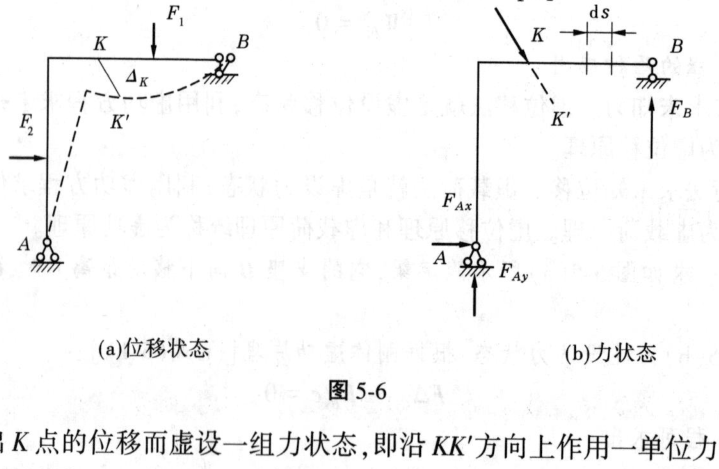

(a)位移状态　　(b)力状态

图 5-6

为了求出 K 点的位移而虚设一组力状态，即沿 KK' 方向上作用一单位力 $F=1$，并求出相应的支反力[见图 5-6(b)]。这两个状态是彼此无关的。现令力状态的力在位移状态

的位移上做功。变形体的虚功为 $W_{外}=W_{内}$，其中 $W_{外}$ 为外力做的功。由于只考虑荷载作用引起的位移，此时没有支座移动，故支座反力不做功，外力功只有虚设的 $F=1$ 在位移 Δ 上做功，其值为

$$W_{外} = 1 \cdot \Delta \tag{5-3}$$

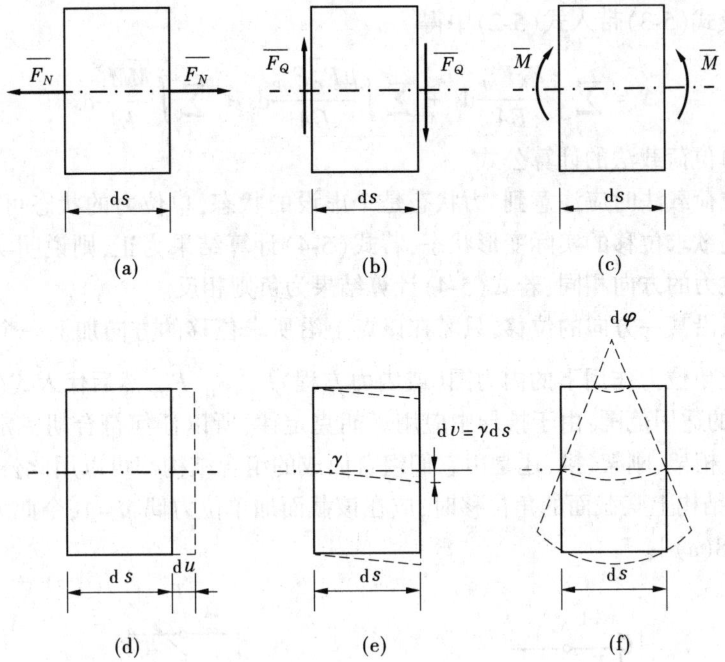

图 5-7

$W_{内}$ 是虚设力状态的内力 $\overline{F}_N$、$\overline{F}_Q$、$\overline{M}$ 在位移状态的变形上所做的虚功总和。为了求内力虚功，可以在结构杆上取一微段 ds，此微段因实际荷载作用而引起的变形为轴向变形 du、剪切变形 dv 和弯曲变形 $d\varphi$[见图 5-7]。其数值为

$$du = \varepsilon ds, dv = \gamma ds, d\varphi = \frac{1}{\rho}ds$$

在此微段上由虚设力引起的内力在实际荷载引起的变形上所做的功 dW 为

$$dW = \overline{F_N}\varepsilon ds + \overline{F_Q}\gamma ds + \overline{M}\frac{1}{\rho}ds$$

式中：ε 为微段的相对伸长量(线应变)；γ 为剪切角变形(角应变)；$\frac{1}{\rho}$为微段弯曲的曲率。

由材料力学公式可知：

$$\varepsilon = \frac{F_{NP}}{EA}, \gamma = \frac{\mu F_{QP}}{GA}, \frac{1}{\rho} = \frac{M_P}{EI}$$

式中：F_{NP}、F_{QP}、M_P 为实际荷载作用下引起的微段上的内力，所以在整根杆上内力虚功为

$$W_{内} = \int \frac{\overline{F_N}F_{NP}}{EA}ds + \int \frac{\mu \overline{F_Q}F_{QP}}{GA}ds + \int \frac{\overline{M}M_P}{EI}ds$$

式中:μ 为剪应力不均匀系数。

考虑到一个结构中有许多根杆,所以整个结构的内力功总和为

$$W_{内} = \sum \int \frac{\overline{F_N} F_{NP}}{EA} ds + \sum \int \frac{\mu \overline{F_Q} F_{QP}}{GA} ds + \sum \int \frac{\overline{M} M_P}{EI} ds$$

将上式及式(5-3)带入式(5-2)中得

$$\Delta = \sum \int \frac{\overline{F_N} F_{NP}}{EA} ds + \sum \int \frac{\mu \overline{F_Q} F_{QP}}{GA} ds + \sum \int \frac{\overline{M} M_P}{EI} ds \tag{5-4}$$

这就是单位荷载法的计算公式。

应用单位荷载法时应注意到,力状态是个虚设的状态,单位力的状态可以随意假设,而位移状态是欲求位移的实际变形状态,若式(5-4)计算结果为正,则说明实际位移的方向与虚设单位力的方向相同;若式(5-4)计算结果为负则相反。

若求某点沿某一方向的位移,只需在该点上沿所求位移的方向加上一个单位力 $F_P=1$,作结构在此单位力作用下的内力图(或内力方程)$\overline{F}_N$、$\overline{F}_Q$、$\overline{F}_M$,然后代入式(5-4)即可。

式(5-4)的适用范围:由于推导中应用了胡克定律,所以任何符合胡克定律的杆件结构,无论是梁、桁架、刚架、拱,还是由它们组合而成的组合结构都可以用此公式计算。

(1)当求结构上某截面的角位移时,应在该截面加单位力偶 $M=1$,令此力偶在转角上做功[见图 5-8(a)]。

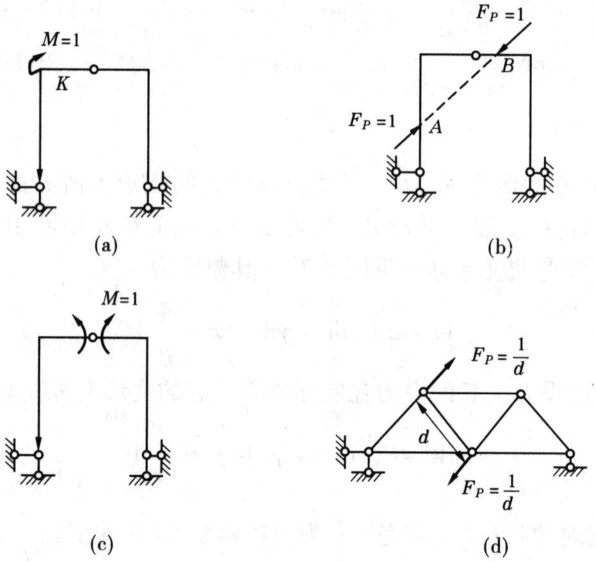

图 5-8

(2)当求 A、B 两点的相对位移时,应在 A、B 两点沿其连线加一对大小相等、方向相反的单位力[见图 5-8(b)]。

(3)当求两截面的相对角位移时,就应在两截面加一对方向相反的单位力偶[见图 5-8(c)]。

(4)当求桁架某杆的角位移时,由于桁架只承受轴力,故应将单位力偶转换为等效的

结点集中荷载,即在杆两端加上一对方向与其杆件垂直、大小等于杆长倒数而指向相反的集中力[见图5-8(d)]。

式(5-4)表明:杆件结构在实际荷载作用下,结构的位移与轴力、弯矩及剪力等三种内力有关。这是就一般结构而言的,并非所有的结构都有这三种内力,因而式(5-4)具有一定的普遍意义,故称为在荷载作用下结构位移的一般计算公式。

下面针对不同类型的结构来进行讨论。

(1)桁架。

如前文所述,在桁架中杆件只存在轴力,没有弯矩和剪力,并且沿杆件长度方向,轴力和横截面一般都是不变的,因此式(5-4)可以简化为

$$\Delta = \sum \int \frac{\overline{F_N} F_{NP}}{EA} \mathrm{d}s = \sum \frac{\overline{F_N} F_{NP}}{EA} \int_0^l \mathrm{d}s = \sum \frac{\overline{F_N} F_{NP} l}{EA} \tag{5-5}$$

(2)梁和刚架。

在梁和刚架中,杆件内虽有可能同时存在三种内力,但由轴力产生的轴向变形和由剪力产生的剪切变形对于结构位移的影响,一般来说是很小的,故可省略,因此式(5-4)可以简化为

$$\Delta = \sum \int \frac{\overline{M} M_P}{EI} \mathrm{d}s \tag{5-6}$$

(3)组合结构。

组合结构一般为桁架与梁的组合。桁架只考虑轴力的影响,梁只考虑弯曲的影响,因此式(5-4)可以简化为

$$\Delta = \sum \frac{\overline{F_N} F_{NP} l}{EA} + \sum \int \frac{\overline{M} M_P}{EI} \mathrm{d}s \tag{5-7}$$

(4)拱。

当不考虑曲率的影响时,拱结构的位移可以近似地按式(5-4)来计算,而且通常情况下,只需考虑弯曲变形的影响时,按式(5-6)来计算,但在扁平拱中,因拱轴力较大,还需考虑轴力的影响,即

$$\Delta = \sum \int \frac{\overline{F_N} F_{NP}}{EA} \mathrm{d}s + \sum \int \frac{\overline{M} M_P}{EI} \mathrm{d}s \tag{5-8}$$

单位荷载法计算步骤如下:

(1)计算实际状态下的内力(F_{NP}、F_{QP}、M_P)。

(2)建立虚拟力状态(虚加单位力1,在所求位移方向上),并计算此状态下的$\overline{F}_N$、$\overline{F}_Q$、$\overline{M}$。

(3)利用结构荷载下的位移计算公式,计算结构位移Δ(或φ)。

例题5-2　求如图5-9(a)所示简支梁截面B的转角。已知梁的EI为常数。

解:(1)梁AB上x截面的弯矩方程为

$$M_P = \frac{q}{2}(lx - x^2) \quad 0 \leqslant x \leqslant l$$

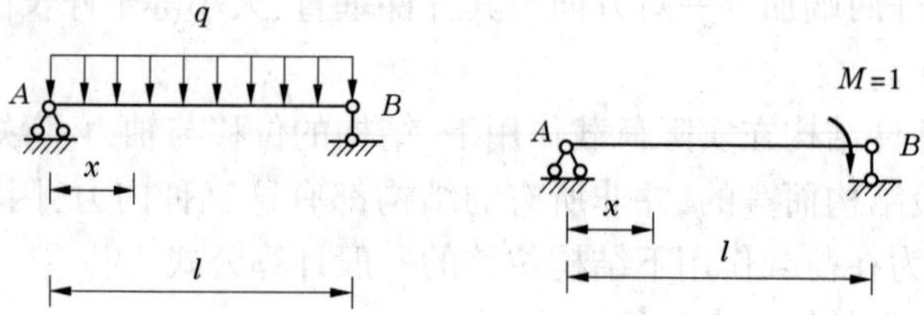

(a) (b)

图 5-9

(2)求截面 B 的转角 φ_B。需在 B 点施加一个单位力偶 $M=1$，得到如图 5-9(b)所示虚拟力状态。此时，梁 AB 上 x 截面的弯矩方程为

$$\overline{M}=-\frac{x}{l}\quad 0\leqslant x\leqslant l$$

由式(5-6)得

$$\varphi_B=\sum\int\frac{\overline{M}M_P}{EI}\mathrm{d}s=\int_0^l\frac{1}{EI}\times\left(-\frac{x}{l}\right)\times\frac{q}{2}\times(lx-x^2)\,\mathrm{d}x=-\frac{ql^3}{24EI}(\text{逆时针})$$

计算结果为负值，表明实际位移方向与所设单位荷载的方向相反。

例题 5-3 求如图 5-10(a)所示刚架上点 C 的水平位移和截面 C 的转角。

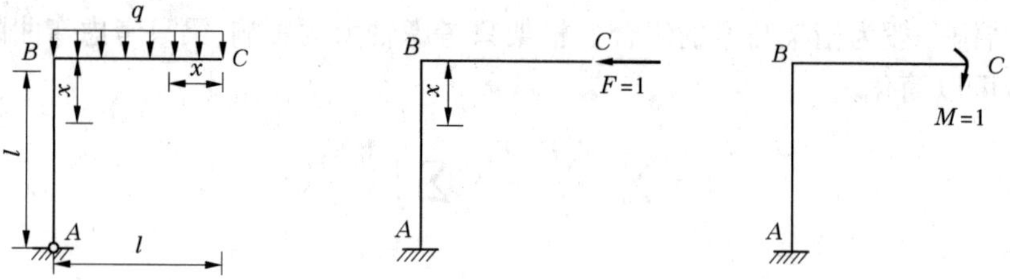

(a) (b) (c)

图 5-10

解：在荷载作用下刚架各段的弯矩方程如下(以刚架内侧受拉为正)：

AB 段：
$$M_P=-\frac{1}{2}ql^2$$

BC 段：
$$M_P=-\frac{1}{2}qx^2$$

(1)求 Δ_{CH} 时，在点 C 沿水平方向施加单位力 $F=1$，得到如图 5-10(b)所示的虚拟力状态。此时，弯矩方程为

AB 段：
$$\overline{M}=x$$

BC 段：
$$\overline{M}=0$$

由式(5-6)得

$$\Delta_{CH}=\sum\int_l\frac{\overline{M}M_P}{EI}\mathrm{d}s=0+\int_0^l\frac{1}{EI}x\left(-\frac{1}{2}ql^2\right)\mathrm{d}x=-\frac{ql^4}{4EI}(\rightarrow)$$

(2)求截面 C 的转角 φ_C。需在 C 点施加一个单位力偶 $\overline{M}=1$,得到如图 5-10(c)所示虚拟力状态。此时,刚架各段的弯矩方程为

AB 段:　　$\overline{M}=-1$

BC 段:　　$\overline{M}=-1$

由式(5-6)得

$$\varphi_C=\sum\int_l\frac{\overline{M}M_P}{EI}\mathrm{d}x=\int_0^l\frac{1}{EI}\times(-1)\times\left(-\frac{1}{2}ql^2\right)\mathrm{d}x+\int_0^l\frac{1}{EI}\times(-1)\times\left(-\frac{1}{2}qx^2\right)\mathrm{d}x$$
$$=\frac{2ql^3}{3EI}(\curvearrowright)$$

例题 5-4　求如图 5-11(a)所示桁架下弦中点结点 B 的竖向位移。设各杆的 EA 均相等。

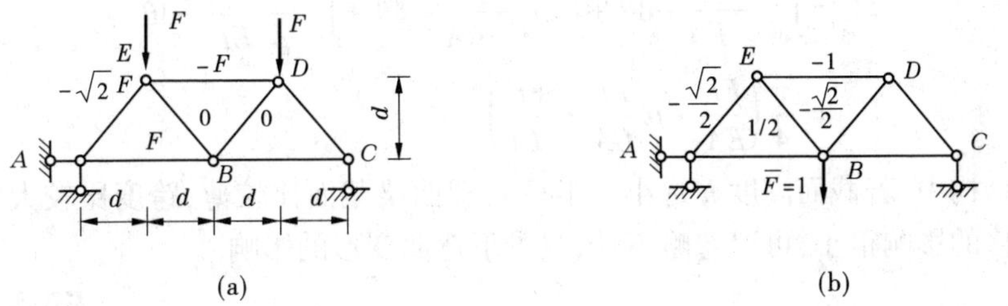

图 5-11

解:为求 B 点的竖向位移,在结点 B 处施加一单位力 $\overline{F}=1$,得虚拟状态如图 5-11(b)所示。

在荷载和单位力的分别作用下,桁架各杆的轴力如图 5-11(a)、(b)所示,轴力以受拉为正。

由式(5-5)得

$$\Delta_B=\sum\frac{\overline{F_N}F_{NP}l}{EA}=\frac{1}{EA}\left[2(-\sqrt{2}F)\times\left(-\frac{\sqrt{2}}{2}\right)\times\sqrt{2}d+2F\times\frac{1}{2}\times2d+(-F)\times(-1)\times2d\right]$$
$$=\frac{6.83Fd}{EA}(\downarrow)$$

例题 5-5　求如图 5-12(a)所示圆弧曲杆上点 B 的竖向位移。不计曲率的影响,杆的 I 和 A 均为常数。

解:如图 5-12(b)所示,在与 OB 成角 θ 的截面上,各内力分量为

$$M_P=Fr\sin\theta,F_{QP}=F\cos\theta,F_{NP}=F\sin\theta$$

在 B 点施加一个单位力 $\overline{F}=1$,得虚拟状态如图 5-12(c)所示,与 OB 成角 θ 的截面上的内力分量为

$$\overline{M}=r\sin\theta,\overline{F_Q}=\cos\theta,\overline{F_N}=\sin\theta$$

又由于 $\mathrm{d}s=r\mathrm{d}\theta$,带入式(5-4)得

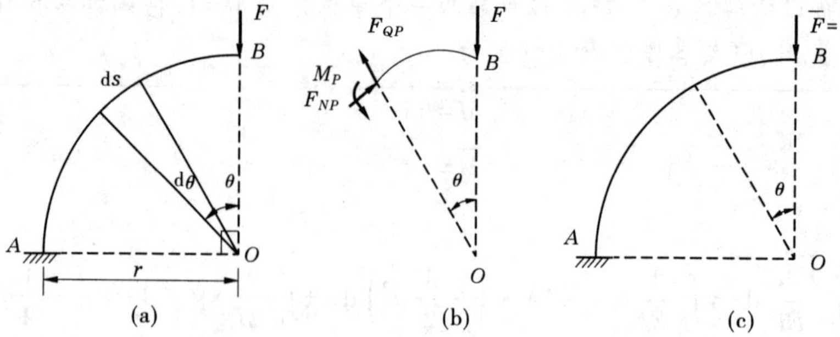

图 5-12

$$\Delta = \int \frac{\overline{F_N}F_{NP}}{EA}ds + \int \frac{\mu\overline{F_Q}F_{QP}}{GA}ds + \int \frac{\overline{M}M_P}{EI}ds$$

$$= \int_0^{\frac{\pi}{2}} \frac{Fr\sin^2\theta}{EA}d\theta + \int_0^{\frac{\pi}{2}} \mu\frac{Fr\cos^2\theta}{GA}d\theta + \int_0^{\frac{\pi}{2}} \frac{Fr^3\sin^2\theta}{EI}d\theta$$

$$= \frac{\pi}{4}\left(\frac{Fr}{EA} + \mu\frac{Fr}{GA} + \frac{Fr^3}{EI}\right)$$

实际结构中,若截面高度 h 远小于半径 r,即曲梁截面比较薄,跨度比较大时,轴力和剪力对位移的影响很小,可以忽略不计,只剩下弯曲变形的影响。

三、图乘法

由前文可知,计算在荷载作用下梁、刚架的位移时,要计算积分。

$$\Delta = \sum \int \frac{\overline{M}M_P}{EI}ds$$

码 5-2 结构位移计算图乘法

在杆件数量较多或荷载情况比较复杂时,计算工作是相当烦琐的,所以应当寻求简化计算的途径。

在计算梁或刚架位移时,经常会遇到以下情况:

(1)杆件轴线是直线。

(2)EI 是常数。

(3)两个弯矩图 $\overline{M}$ 图和 M_P 图至少有一个是直线变化的直线图形。

如果符合以上三个条件,则两个图形的积分运算可以用图形相乘的方法来代替,即图乘法。

(一)图乘法的计算公式

如图 5-13 所示,设等截面直杆 AB 段上的两个弯矩图中,$\overline{M}$ 图为一段直线,而 M_P 图为任意形状。以杆轴为 x 轴,以 $\overline{M}$ 图的延长线与 x 轴的交点 O 为原点并设置 y 轴,如果该杆截面的抗弯刚度 EI 为常数,则积分式为

$$\Delta = \int_A^B \frac{\overline{M}M_P}{EI}ds = \frac{1}{EI}\int_A^B \overline{M}M_P ds$$

而且因 $\overline{M}$ 为直线变化，故有 $\overline{M}=x\tan\alpha$，且 $\tan\alpha$ 为常数，故上面的积分式为

$$\Delta=\int_A^B\frac{\overline{M}M_P}{EI}\mathrm{d}s=\frac{\tan\alpha}{EI}\int_A^B xM_P\mathrm{d}x$$

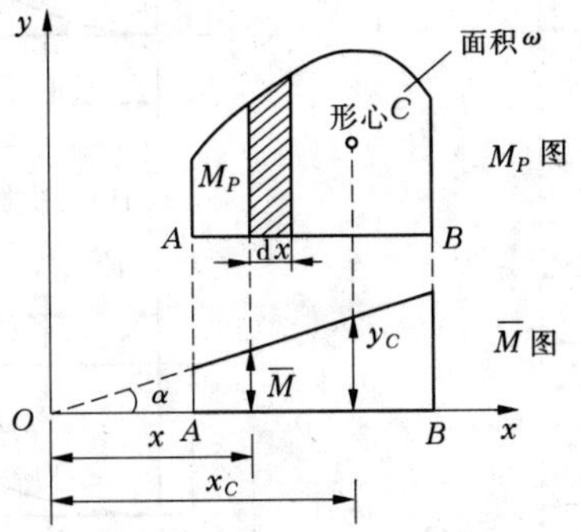

图 5-13

式中：$M_P\mathrm{d}x$ 为 M_P 图中的微分面积（见图 5-13 中的阴影线面积）；$xM_P\mathrm{d}x$ 为这个微分面积对轴 y 的静矩；$\int_A^B xM_P\mathrm{d}x$ 为 M_P 图的全面积 ω 对纵轴 y 的静矩。

若 M_P 图的形心为 C，则该点对应到 $\overline{M}$ 图上的 y 坐标为 y_C。根据面积矩定理，$\int_A^B xM_P\mathrm{d}x$ 应等于 M_P 图的全面积 ω 乘以其形心到 y 轴的距离 x_C，即

$$\int_A^B xM_P\mathrm{d}x=\omega x_C$$

又因为 $x_C\tan\alpha=y_C$，可得

$$\Delta=\int_A^B\frac{\overline{M}M_P}{EI}\mathrm{d}s=\frac{\tan\alpha}{EI}\omega x_C=\frac{\omega y_C}{EI}$$

于是，位移计算公式就可写成

$$\Delta=\sum\frac{\omega y_C}{EI}\tag{5-9}$$

上述积分式等于一个弯矩图的面积 ω 乘以其形心处所对应的另一个直线弯矩图上的竖标 y_C，再除以 EI，这就称为图乘法计算位移的公式。

应用图乘法公式计算时应注意以下几点：

(1) 应用条件。杆必须是直杆，EI 为常数，两个图形中至少有一个是直线图形，纵坐标 y_C 应取自直线图中，而 ω 为另一图形面积。

(2) 正负号规定。面积 ω 与纵坐标 y_C 在杆的同一边时，乘积 ωy_C 应取正号；面积 ω 与纵坐标 y_C 在杆的不同边时，乘积 ωy_C 应取负号。

(3) 如果某一个图形是由几段直线组成的折线，则应分段计算。

为方便计算，现将几种常用的简单图形的面积及形心列入图 5-14 中。在应用时注意，图中的抛物线是指标准抛物线，即过抛物线顶点（中点或端点）处的切线与基线平行。

（二）图乘分段和叠加

应用图乘法时，如果一个图形是曲线，一个图形是直线，则纵坐标 y_C 应在直线图形中

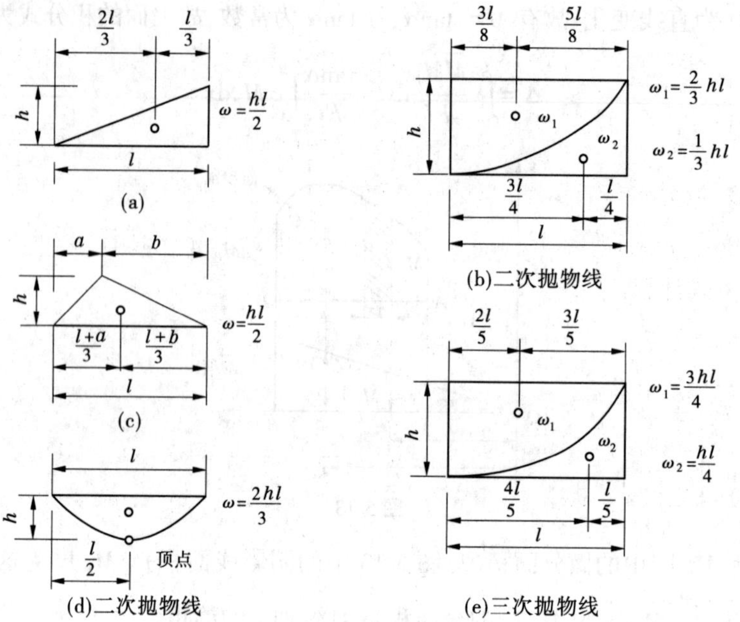

图 5-14 几种常见图形的面积和形心位置

量取。

如果两个图形都是直线，则纵坐标 y_C 可取自其中任一图形。

如果遇到下列情况，则应分段、叠加计算。

1. 分段

(1)一个图形是曲线，另一个图形是由几段直线组成的折线，则应分段计算。图形如图 5-15(a)所示，有

$$\int \frac{\overline{M}M_P}{EI}\mathrm{d}x = \frac{1}{EI}(\omega_1 y_1 + \omega_2 y_2 + \omega_3 y_3)$$

(2)杆件各段有不同的 EI，则应在 EI 变化处分段，分段进行图乘。图形如图 5-15(b)所示，有

$$\int \frac{\overline{M}M_P}{EI}\mathrm{d}x = \frac{1}{EI_1}\omega_1 y_1 + \frac{1}{EI_2}\omega_2 y_2 + \frac{1}{EI_3}\omega_3 y_3$$

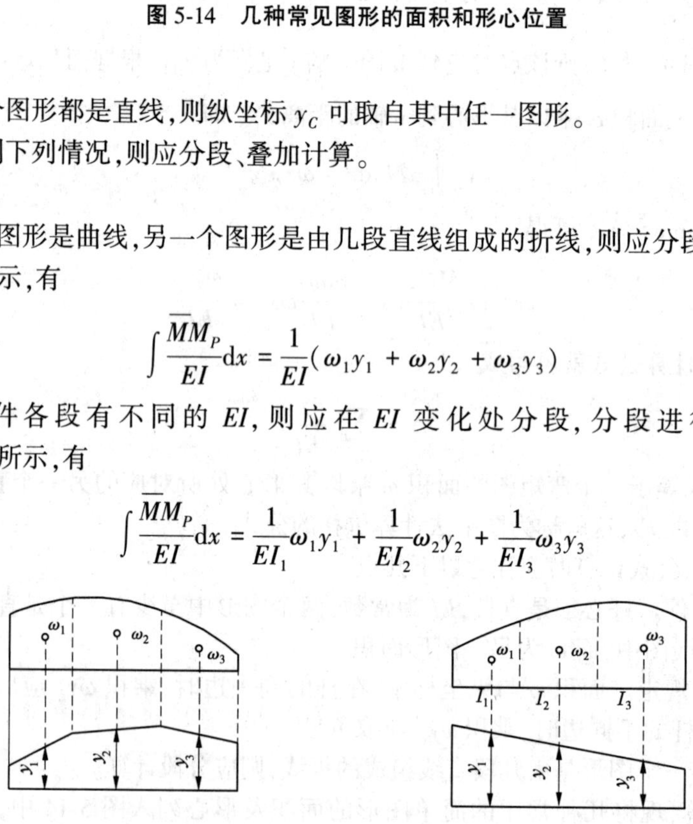

图 5-15

2. 叠加

在 M_P 图形面积的计算或形心位置的确定比较复杂时，可将复杂的图形分解为计算简单的图形，叠加计算。

(1)若两个梯形相乘时[见图 5-16]，可不必找出梯形的形心，而将其中一个梯形分解为两个三角形(或分解为一个矩形和一个三角形)。任一截面在两个三角形中的 y 值分别为 M_{Pa} 和 M_{Pb}，分别应用图乘法，将两个三角形分别与 $\overline{M}$ 图图乘，然后叠加，其中纵坐标 y_1 和 y_2 可用下式计算：

$$y_1 = \frac{2}{3}c + \frac{1}{3}d, y_2 = \frac{1}{3}c + \frac{2}{3}d$$

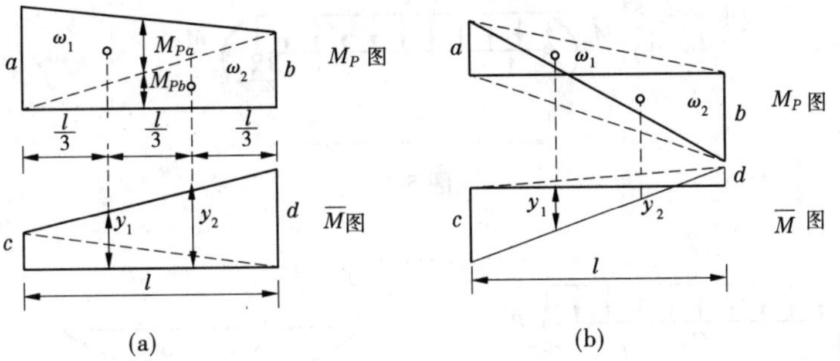

图 5-16

则有

$$\int \frac{\overline{M}M_P}{EI}\mathrm{d}x = \frac{1}{EI}\left(\int \overline{M}M_{Pa}\mathrm{d}x + \int \overline{M}M_{Pb}\mathrm{d}x\right) = \frac{1}{EI}(\omega_1 y_1 + \omega_2 y_2) = \frac{1}{EI}\left(\frac{al}{2}y_1 + \frac{bl}{2}y_2\right)$$

如果两个直线图形具有正号和负号部分，上式仍然适用，但式中各项的正负号必须根据“同侧纵坐标相乘为正，异侧纵坐标相乘为负”的原则来定。如图 5-16(b)所示，只需把 c 和 d 取为负值即可，即

$$y_1 = \frac{2}{3}c - \frac{1}{3}d, y_2 = \frac{1}{3}c - \frac{2}{3}d$$

(2)对于在均布荷载作用下的任何一段直杆(见图 5-17)，由绘制直杆弯矩图的叠加法知道，其弯矩图可看成是一个梯形与一个标准二次抛物线图形的叠加。因为这段直杆的弯矩图，与图 5-17(b)所示相应简支梁在两端弯矩 M_A、M_B 和均布荷载 q 作用下的弯矩图是相同的。计算时可将 $\overline{M}$ 图分别与上述两部分图乘，再求出代数和。

这里需要注意：弯矩图的叠加是指弯矩图的纵坐标的叠加，而不是图形的简单拼合。因此，叠加后的抛物线的所有竖标仍应为竖向的，而不是垂直于 M_A、M_B 的连线。

例题 5-6 试求如图 5-18 所示简支梁在均布荷载作用下中点 C 的竖向位移及 A 端的角位移 φ_A。EI 为常数。

解：实际位移状态的 M_P 及两个单位弯矩图如图 5-18(b)、(c)、(d)所示。

(1)求 Δ_{CV} 时，将(b)图和(d)图相乘得

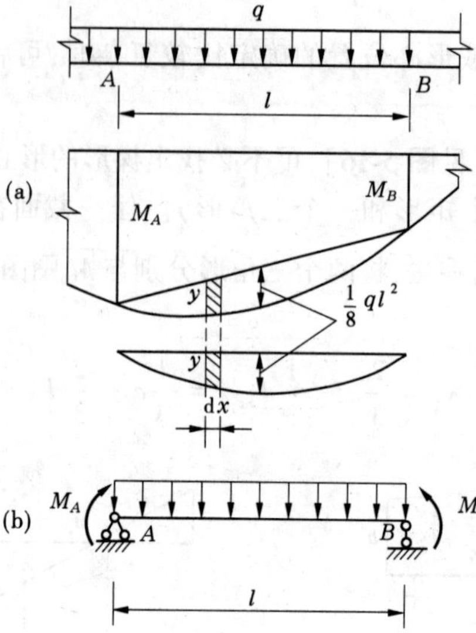

图 5-17

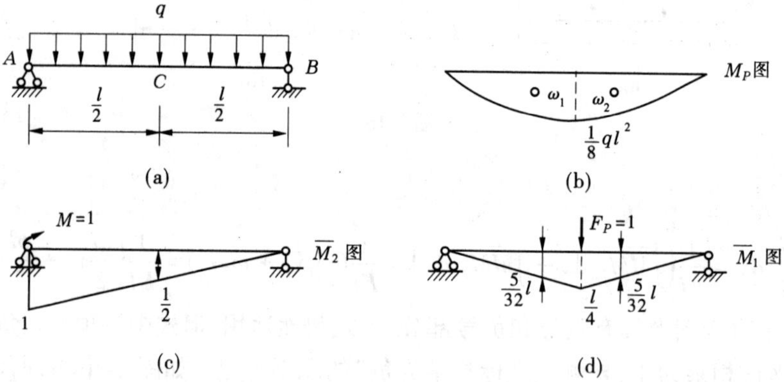

图 5-18

$$\Delta_{CV} = \sum \frac{\omega y_C}{EI} = \frac{1}{EI}\left[\left(\frac{2}{3} \times \frac{l}{2} \times \frac{ql^2}{8}\right) \times \frac{5}{8} \times \frac{l}{4}\right] \times 2 = \frac{5ql^4}{384EI}(\downarrow)$$

(2)求 φ_A 时,将(b)图和(c)图相乘得

$$\varphi_A = \sum \frac{\omega y_C}{EI} = \frac{1}{EI}\left(\frac{2}{3}l \times \frac{ql^2}{8}\right) \times \frac{1}{2} = \frac{ql^3}{24EI}(\curvearrowright)$$

例题 5-7 试求如图 5-19(a)所示外伸梁 C 点的竖向位移 Δ_{Cy}。梁的 EI 为常数。

解: 作 M_P 和 $\overline{M}$ 图,分别如图 5-19(b)、(c)所示。BC 段 M_P 图是标准二次抛物线图形;AB 段 M_P 图不是标准二次抛物线图形,现将其分解为一个三角形和一个标准二次抛物线图形。由图乘法可得

$$\Delta_{Cy} = \frac{1}{EI}\left[\left(\frac{1}{3} \times \frac{ql^2}{8} \times \frac{l}{2}\right) \times \frac{3l}{8} - \left(\frac{2}{3} \times \frac{ql^2}{8} \times l\right) \times \frac{l}{4} + \left(\frac{1}{2} \times \frac{ql^2}{8} \times l\right) \times \frac{l}{3}\right] = \frac{ql^4}{128EI}(\downarrow)$$

例题 5-8 求如图 5-20(a)所示悬臂刚架点 D 的竖向位移 Δ_{DV}。EI 为常数。

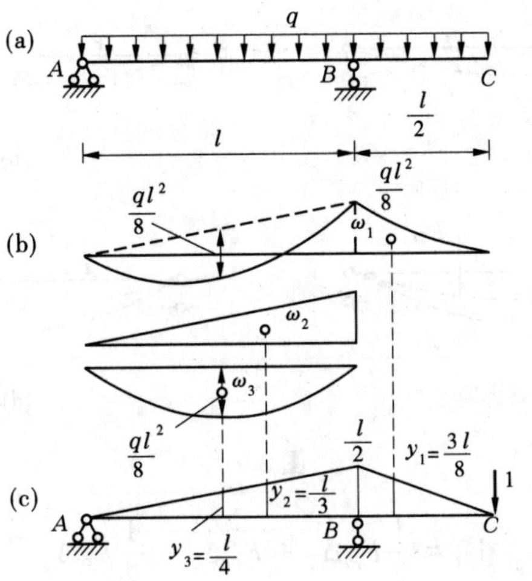

图 5-19

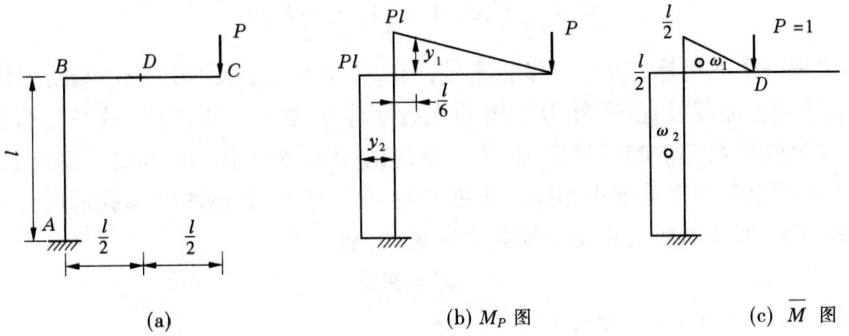

(a) (b) M_P 图 (c) $\overline{M}$ 图

图 5-20

解：M_P 图和 $\overline{M}$ 图分别如图 5-20(b)、(c)所示。应用图乘法时，在 CB 段上应以 $\overline{M}$ 图作为面积 ω_1，AB 段也以 $\overline{M}$ 图作为面积 ω_2，则

$$\Delta_{CV}=\sum\frac{\omega y_C}{EI}=\frac{1}{EI}\left(\frac{1}{8}l^2\times\frac{5}{6}Pl+\frac{l^2}{2}\times Pl\right)=\frac{29Pl^3}{48EI}(\downarrow)$$

四、线弹性体系的互等定理

对于线弹性结构，由虚功原理可推导出四个互等定理，即功的互等定理、位移互等定理、反力互等定理和反力位移互等定理。其中，功的互等定理是最基本的，其他几个互等定理皆可由功的互等定理推得。

(一)功的互等定理

如图 5-21 所示简支梁，图 5-21(a)、(b)表示同一线形体的两种状态。假定由 F_{Pi} 引起的位移状态为第 i 状态，由 F_{Pj} 引起的位移状态为第 j 状态。现在考虑这两种力按不同次序先后作用于该体系时所做的功。

在结构上先加 F_{Pi}，后加 F_{Pj}，梁的先后变形情况如图 5-21(c)所示，则外力所做总功为

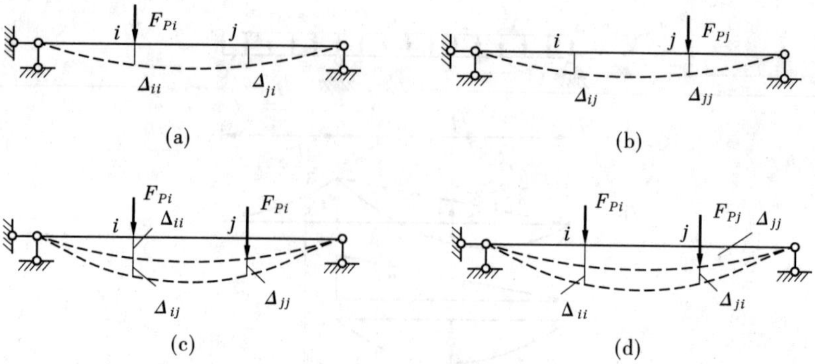

图 5-21

$$W_i = \frac{1}{2}F_{Pi}\Delta_{ii} + F_{Pi}\Delta_{ij} + \frac{1}{2}F_{Pj}\Delta_{jj} \tag{5-10}$$

若先加 F_{Pj},后加 F_{Pi},梁的先后变形情况如图 5-21(d)所示,则外力所做总功为

$$W_j = \frac{1}{2}F_{Pj}\Delta_{jj} + F_{Pj}\Delta_{ji} + \frac{1}{2}F_{Pi}\Delta_{ii} \tag{5-11}$$

式中:Δ 的第一个下角标 i 表示位移的序号,第二个下角标 j 表示引起位移的原因。

在上述两种加载过程中,外力作用的先后顺序虽然不一样,但是最终的荷载是相同的,根据线弹性体系解的唯一性定理,体系最终的变形情况也是相同的。因此,两种加载情况使体系所储存的变形能也相同。根据能量守恒定律,上述两种加载情况外力所做的总功应该相等,即外力所做总功与加载次序无关,故

$$W_i = W_j \tag{5-12}$$

将式(5-10)、式(5-11)带入式(5-12)得

$$\frac{1}{2}F_{Pi}\Delta_{ii} + F_{Pi}\Delta_{ij} + \frac{1}{2}F_{Pj}\Delta_{jj} = \frac{1}{2}F_{Pj}\Delta_{jj} + F_{Pj}\Delta_{ji} + \frac{1}{2}F_{Pi}\Delta_{ii}$$

所以

$$F_{Pi}\Delta_{ij} = F_{Pj}\Delta_{ji} \tag{5-13}$$

式(5-13)表明:在线弹性体中,状态 i 的外力在状态 j 的位移上所做的功等于状态 j 的外力在状态 i 的位移上所做的功。此为功的互等定理。

另外,F_{Pi} 和 F_{Pj} 可以是广义力,包括是一种外力的情况,此时,位移 Δ_{ij} 和 Δ_{ji} 就是与之相应的广义位移。功的互等定理可以适用于杆件体系外的线弹性连续体。

(二)位移互等定理

设如图 5-22 所示的梁状态中,F_{Pi} 和 F_{Pj} 均为广义单位荷载。其中,δ_{ji} 表示由单位力 $F_{Pi}=1$ 引起的 F_{Pj} 作用处相应的广义位移,δ_{ij} 表示由单位力 $F_{Pj}=1$ 引起的 F_{Pi} 作用处相应的广义位移,由式(5-13)得

$$1 \cdot \delta_{ji} = 1 \cdot \delta_{ij}$$

即

$$\delta_{ji} = \delta_{ij}$$

这就是位移互等定理,即对于同一线性变形体,第 j 状态的单位力所引起的第 i 状态单位力作用点沿其作用方向的位移,等于第 i 状态的单位力所引起的第 j 状态单位力作用

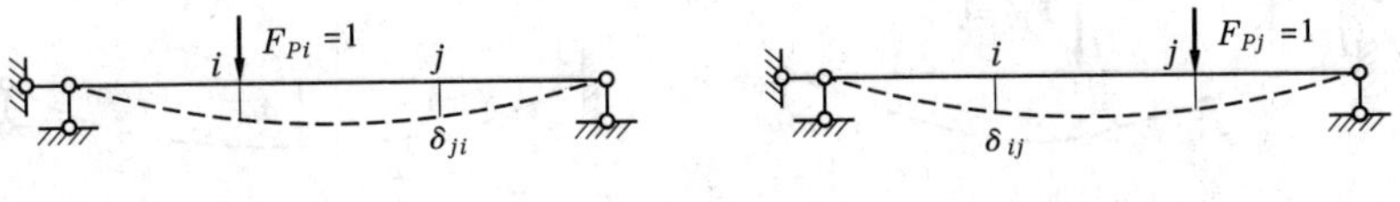

(a)　　(b)

图 5-22

点沿其作用方向的位移。由此可见,位移互等定理只是功的互等定理(当 $F_{Pi}=F_{Pj}=1$ 时)的一种特殊形式。

(三)反力互等定理

反力互等定理是功的互等定理的另一个特殊形式,它用来说明超静定结构在两个支座分别产生单位位移时,这两种状态中反力的互等关系。

图 5-23 表示同一超静定结构的两种变形形态,状态 i 为由支座 i 发生单位位移 $\delta_i=1$ 的状态,此时在支座 i 和 j 引起的支座反力分别为 r_{ii} 和 r_{ji};状态 j 为由支座 j 发生单位位移 $\delta_j=1$ 的状态,此时在支座 i 和 j 引起的支座反力分别为 r_{ij} 和 r_{jj};其他支座反力因为所对应的另一种状态的支座位移都为 0 而不做功。因此,在图 5-23 中未给出。

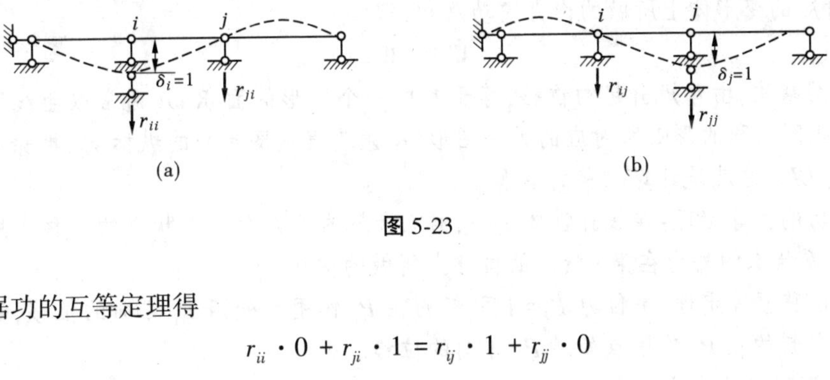

(a)　　(b)

图 5-23

根据功的互等定理得

$$r_{ii}\cdot 0+r_{ji}\cdot 1=r_{ij}\cdot 1+r_{jj}\cdot 0$$

即

$$r_{ji}=r_{ij}$$

这就是反力互等定理:在任一线弹性变形体中,由单位支座位移 $\delta_j=1$ 所引起的与支座位移 $\delta_i=1$ 相应的支座反力,等于由单位支座位移 $\delta_i=1$ 所引起的与支座位移 $\delta_j=1$ 相应的支座反力。

(四)反力位移互等定理

反力位移互等定理仍然是功的互等定理的一个特性。它说明的是一个状态中的反力与另一个状态中的位移之间的互等关系。

如图 5-24 所示超静定梁上,在 i 点作用 $F_{Pi}=1$ 时,在支座 j 处引起反力矩 $k_{ji}=1$,其指向如图 5-24(a)所示,此为状态 i;在支座 j 沿 k_{ji} 的方向发生一单位转角 $\varphi_j=1$ 时,在 i 点沿 F_{Pi} 方向上引起位移 δ_{ij}[见图 5-24(b)],此为状态 j。根据功的互等定理得

$$k_{ji}\cdot 1+1\cdot\delta_{ij}=0$$

即

$$k_{ji}=-\delta_{ij}$$

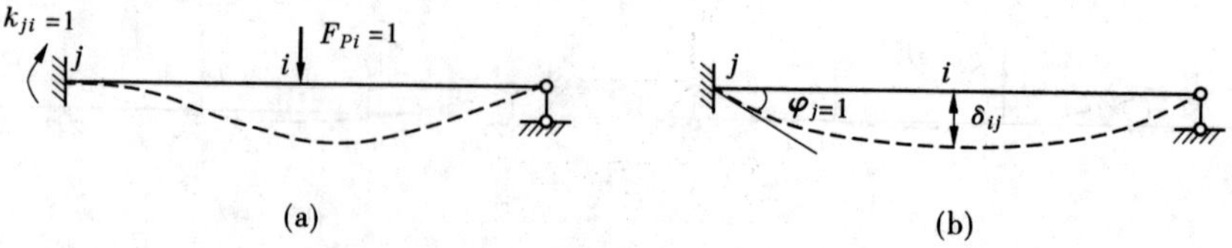

图 5-24

这就是反力位移互等定理：单位荷载引起的结构的某支座反力，等于该支座发生单位位移时所引起的单位荷载作用点沿其方向上的位移，但正负号相反。

项目小结

1. 名词解释

(1)位移：截面形心移动的距离称为该截面的线位移；截面转动的角度称为该截面的角位移。

(2)实功与虚功：实功是指力在其自身引起的位移上所做的功；虚功是指力在其他因素引起的位移上所做的功。

(3)变形体虚功原理：外力在对应的位移上所做的外力虚功总和，等于各微段上的内力在其对应的变形体上所做的内力虚功总和，即

$$W_{外} = W_{内}$$

(4)图乘法：由弯矩引起的位移，等于其中一个图形的面积 ω（通常取曲线图形的面积）乘以此图面积的形心所对应的另一图形（必须是直线图形）的纵标 y_C，再除以杆件的抗弯刚度 EI。这就是计算位移的图乘法。

(5)功的互等定理：在线弹性体系中，第 i 状态的外力在第 k 状态的位移上所做的虚功等于第 k 状态的外力在第 i 状态的位移上所做的虚功。

(6)位移互等定理：单位力 $P_k=1$ 引起的在 P_i 作用点处沿 P_i 方向的位移，等于单位力 $P_i=1$ 引起的在 P_k 作用点处沿 P_k 方向的位移。

2. 计算静定结构位移的目的

(1)结构的刚度校核。

(2)计算静定结构的位移是解决超静定问题的基础。

(3)为生产使用提供依据。

习　题

5-1　试求图 5-25 所示桁架 C 点竖向位移。已知各杆截面相同，$A=1.5\times10^{-2}\ \text{m}^2$，$E=210\ \text{GPa}$。

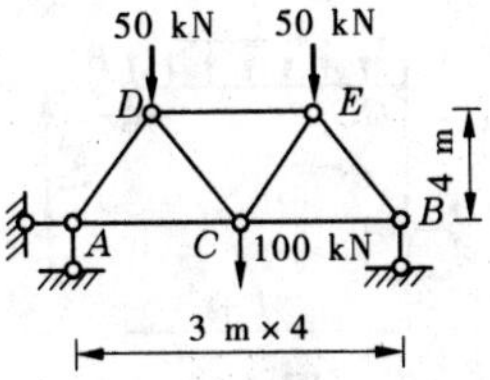

图 5-25

5-2　求图 5-26 所示桁架中 D 点的水平位移，各杆 EA 相同。

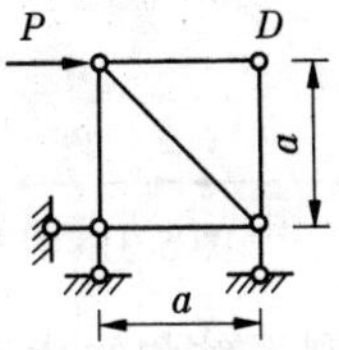

图 5-26

5-3　求图 5-27 所示桁架 A、B 两点间相对线位移 Δ_{AB}，EA 为常数。

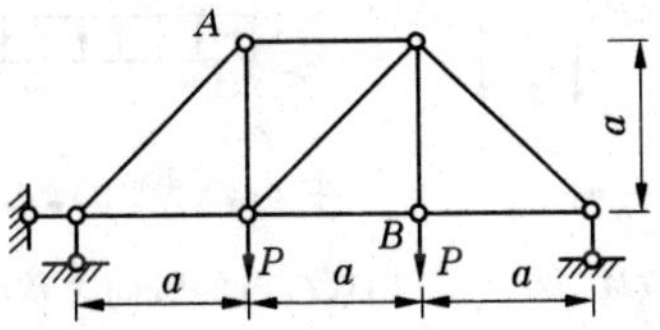

图 5-27

5-4　试用图乘法求图 5-28 所示梁结构上的 K 截面的竖向位移，EI 为常数。

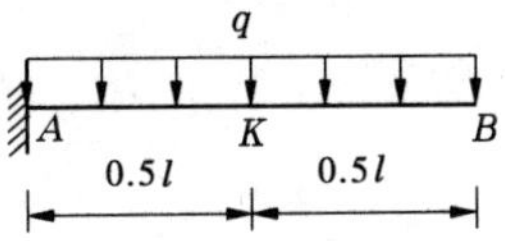

图 5-28

5-5　求图 5-29 所示刚架 B 端的竖向位移。

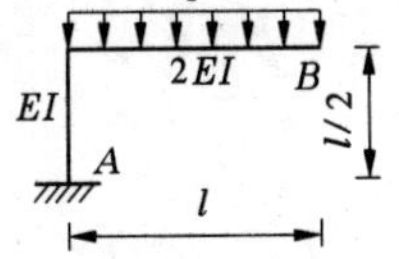

图 5-29

5-6　求图 5-30 所示刚架结点 C 的转角和水平位移，EI 为常数。

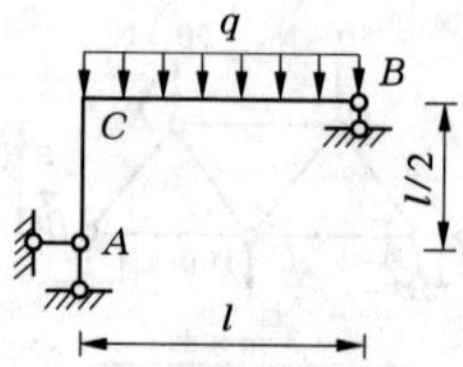

图 5-30

5-7 求图 5-31 所示刚架横梁中 D 点的竖向位移，EI 为常数。

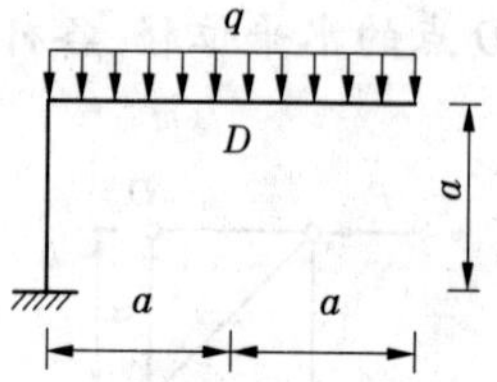

图 5-31

5-8 试用图乘法求图 5-32 所示刚架结构的指定位移。结构各杆 EI 均为常数。

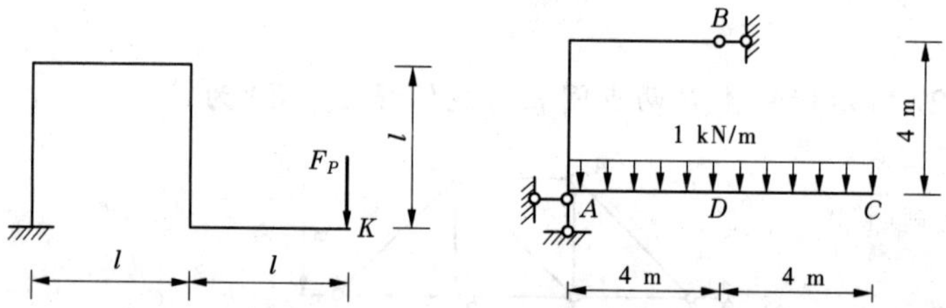

(a)求 K 点竖向位移　　(b)求 C 点的竖向位移($EI=8\times10^5$ kN·m^2)

图 5-32

项目六　力　法

学习目标

【知识目标】

(1)掌握超静定结构的概念。

(2)掌握力法的基本原理和超静定结构的位移计算。

(3)了解温度变化及支座移动时超静定结构的内力计算。

【能力目标】

能够理解力法的基本原理。

【思政目标】

(1)提高学生实际分析能力、计算能力、解决实际问题能力。

(2)培养学生理性批判、求真求实的科学态度。

任务一　力法方程

一、超静定结构的概念和超静定次数的确定

(一)超静定结构的概念

前文研究了静定结构的计算。凡在几何组成上为几何不变且无多余约束的结构,其全部约束反力和各截面内力都可由静力平衡方程唯一地确定,这种结构称为静定结构。那么,凡是在几何组成上为几何不变且有多余约束的结构,它的约束反力和各截面内力不能完全由静力平衡方程唯一确定。这种结构称为超静定结构或静不定结构。

如图 6-1(a)所示连续梁,是一个具有多余联系的几何不变体系。所谓多余联系,是指在保持结构的几何不变的前提下可以去掉的联系。若去掉链杆 B,即变成简支梁,体系仍是几何不变的,所以该连续梁有一个多余约束,为一次超静定结构。多余约束产生的力称为多余约束力,如图 6-1(b)中的 X_1。X_1 仅用静力平衡条件不能求出其确定数值,如图 6-1(a)所示结构的内力已经超出了静力条件所能确定的范围。

常见的超静定结构有梁、刚架、桁架、组合结构及拱等类型(见图 6-2)。

(二)超静定次数的确定与基本结构

超静定结构具有多余约束,因此具有多余未知力。超静定次数就是指超静定结构中多余约束的个数,用 n 来表示。

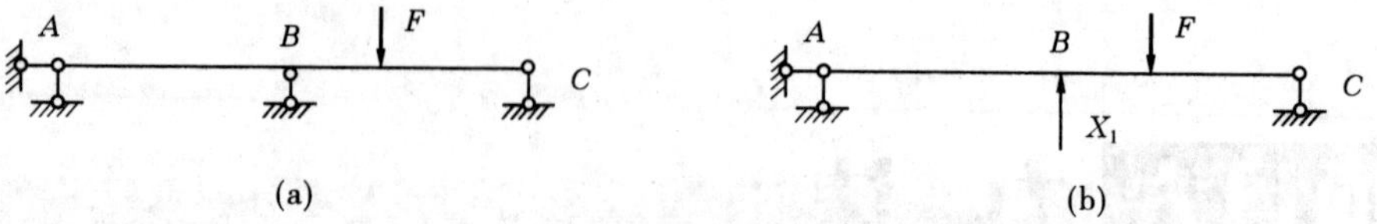

图 6-1

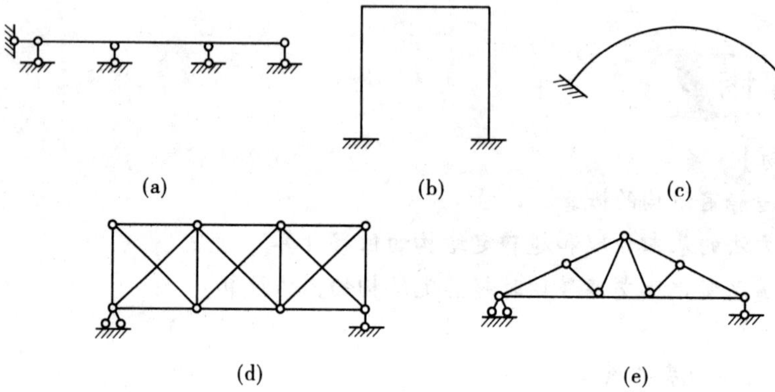

图 6-2

超静定结构可以看作是在静定结构的基础上增加若干多余约束构成的。因此,确定超静定次数最直接的方法就是在原结构撤除多余约束。若超静定结构在去掉 n 个约束后,成为静定且几何不变体系,那么原结构就是 n 次超静定。原超静定结构解除多余约束后用未知力代替而得到的静定结构称为原结构的基本结构。

常用去掉多余联系的方式有以下 4 种:

(1)去掉一个链杆支座或切断一根链杆,相当于去掉一个约束(见图 6-3)。

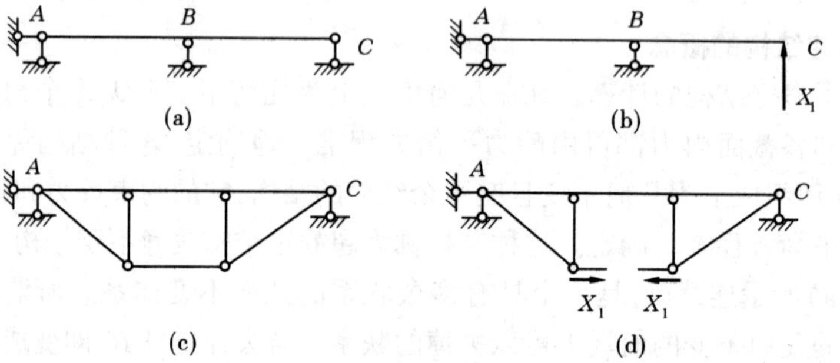

图 6-3

(2)去掉一个固定铰支座或拆开一个单铰,相当于去掉两个约束(见图 6-4)。

(3)去掉一个固定端或切断一根梁式杆,相当于去掉三个约束(见图 6-5)。

(4)将一个固定端支座改成铰支座,或者将连续杆某处改为单铰,相当于去掉一个约束(见图 6-6)。

需要指出的是,对一个超静定结构,去掉多余联系的方式有多种,在去掉多余联系时,必须注意只要取消多余联系,取消多余联系后所得体系必须是几何不变体系。

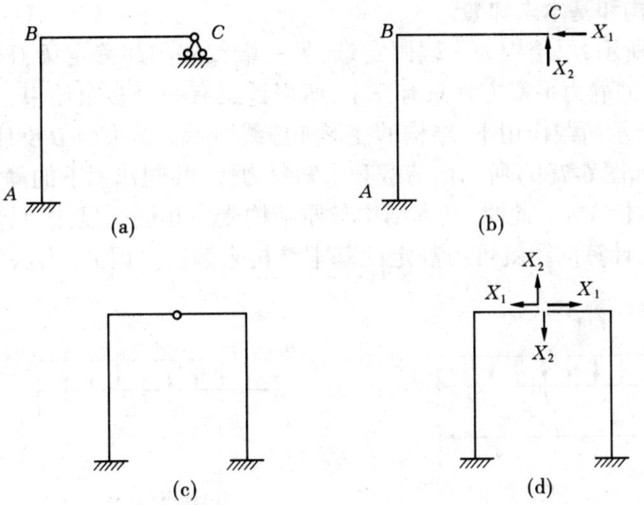

图 6-4

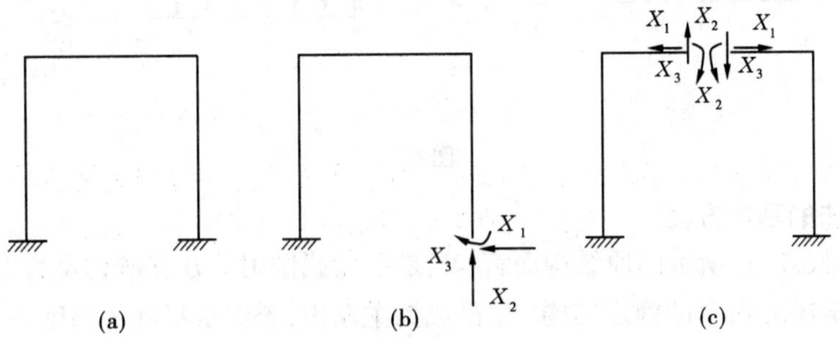

图 6-5

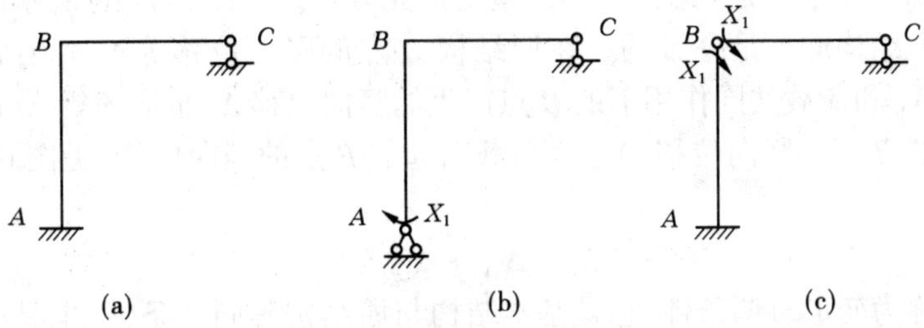

图 6-6

取消多余联系后所得的静定结构是力法的基本结构。力法的基本未知量和基本结构密切相关,确定基本结构的同时也确定了基本未知量。需要指出的是,基本未知量、基本结构的确定具有一定的随意性,即一个超静定结构,可取不同的基本结构来进行分析。

二、力法的基本原理

力法是计算超静定结构的一种基本方法,其基本思想是将一个未知问题转化为已知问题来解决。在前面的学习中,我们已经掌握了静定结构的计算。对于超静定结构,力法的计算思路即将超静定结构转化为静定结构进行分析计算。

(一)基本结构和基本未知量

如图 6-7(a)所示,原结构为一端固定端、另一端铰支的超静定梁,显然,该梁有四个未知反力,而独立的静力平衡方程只有三个,所以该梁有一个多余约束,为一次超静定结构。在如图 6-7 所示荷载作用下,结构的变形如虚线所示。若去掉 B 支座的链杆,以多余力 X_1 代替,可得如图 6-7(b)所示由荷载和未知反力 X_1 共同作用下的静定结构——悬臂梁,即原结构的基本结构。此时,基本结构与原结构受力相同。显然,只要求出多余未知力 X_1,则原结构的计算问题就可由静定的基本结构来解决。因此,力法的基本未知量就是多余未知力。

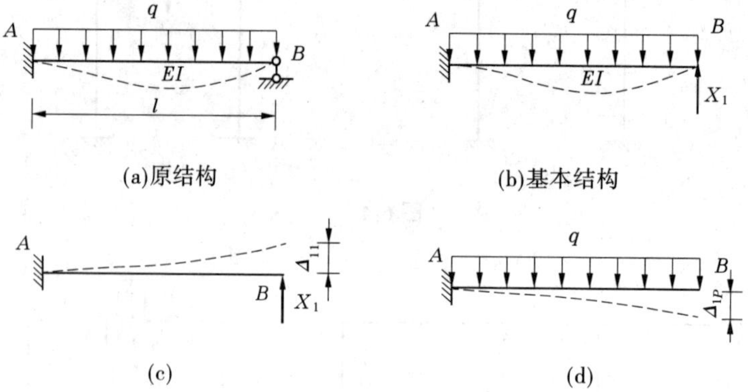

(a)原结构 (b)基本结构

(c) (d)

图 6-7

(二)力法的基本方程

对于如图 6-7(a)所示的原结构而言,X_1 是在荷载作用下 B 支座的反力,具有固定值,而对于如图 6-7(b)所示的静定结构,X_1 已成为主动力,若仅从平衡的角度来考虑,只要能满足强度条件,X_1 不论取何值,都可得出一组反力或内力,即都能满足平衡条件。

因此,要确定 X_1,必须考虑变形条件建立补充方程。如图 6-7(b)所示的基本结构的受力、变形和原结构应该是一致的。在原结构 B 点的竖向位移等于 0,因此在基本结构中,未知反力 X_1 和荷载共同作用下的 B 点产生的竖向位移 Δ_1 也应该等于 0。设 Δ_{11} 为未知力 X_1 引起的 B 点的竖向位移,Δ_{1P} 为荷载引起的 B 点的竖向位移[见图 6-7(c)、(d)],根据叠加原理:

$$\Delta_1 = \Delta_{11} + \Delta_{1P} = 0 \tag{6-1}$$

式(6-1)称为变形协调条件,它是基本结构与原结构等同的条件,也是确定多余未知力大小的依据。

由于 X_1 是未知力,为了求得 X_1,令 $X_1 = 1$,它引起的 X_1 方向上的位移为 δ_{11},于是有 $\Delta_{11} = \delta_{11}X_1$,则

$$\delta_{11}X_1 + \Delta_{1P} = 0 \tag{6-2}$$

式(6-2)为一次超静定结构的力法方程。

力法方程中,δ_{11} 称为力法方程系数,Δ_{1P} 称为力法方程的自由项,它们都是静定结构的位移,可用单位荷载法或图乘法进行计算。

对于如图 6-8(a)所示的一次超静定梁,为计算出 δ_{11} 和 Δ_{1P},先分别作出基本结构在荷载单独作用下的 M_P 图(称为荷载弯矩图)、基本结构在 $X_1 = 1$ 单独作用下的 $\overline{M}$ 图

[见图 6-8(c)、(d)],应用图乘法:

$$\Delta_{11}=\int\frac{\overline{M}M_X}{EI}\mathrm{d}x=\frac{1}{EI}\left(\frac{1}{2}\times l\times l\times\frac{2}{3}l\right)\times X_1=\frac{X_1l^3}{3EI}$$

$$\Delta_{1P}=\int\frac{\overline{M}M_P}{EI}\mathrm{d}x=-\frac{1}{EI}\times\frac{1}{3}\times\frac{1}{2}ql^2\times l\times\frac{3}{4}l=-\frac{ql^4}{8EI}$$

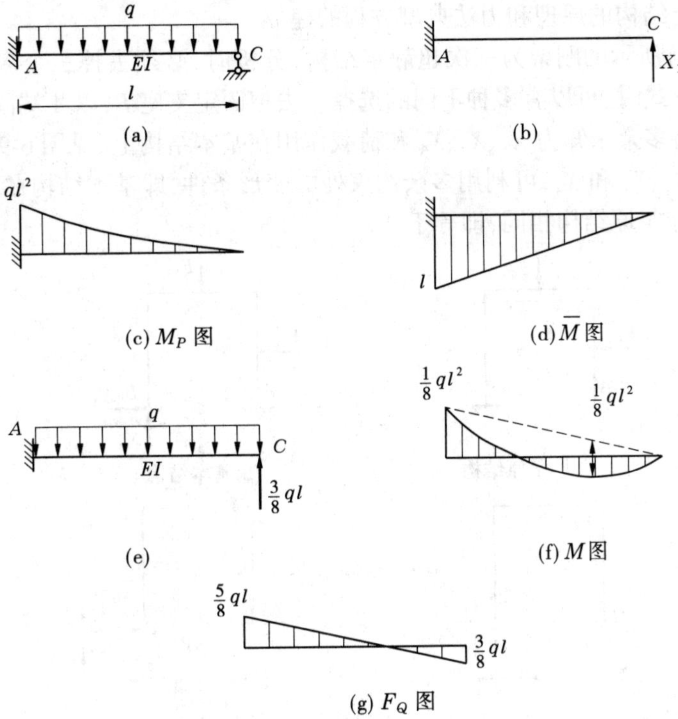

图 6-8

代入式(6-1)中得

$$\frac{X_1l^3}{3EI}-\frac{ql^4}{8EI}=0$$

即

$$X_1=\frac{3ql}{8}(\uparrow)$$

计算结果 X_1 为正号,表示反力 X_1 的实际方向与假设方向相同。多余力 X_1 求出后,用静力平衡方程,即可求出其反力和内力。根据叠加法绘出弯矩图,任一截面弯矩的叠加公式为

$$M=\overline{M}X_1+M_P$$

叠加后的弯矩图如图 6-8(f)所示,根据弯矩图作出剪力图[见图 6-8(g)]。

由上文可以看出两点:

(1)用力法求解超静定结构的内力,是以多余力为基本未知量,以多余未知力作用处的位移为协调条件,将超静定结构转化为静定结构,建立位移补充方程,从而解出多余未

知力。

(2)在力法的计算过程中,关键是确定三个要素:基本未知量、基本结构、力法典型方程。

三、力法的典型方程

以上讨论的是一次超静定结构,下面结合一个三次超静定的刚架来进一步说明用力法解多次超静定结构的原理和力法典型方程的建立。

如图 6-9(a)所示的刚架为三次超静定结构,分析时,必须去掉三个多余约束。在选择基本结构的形式时,可以有多种不同的选择。去掉固定支座 B,以 A 端固定的悬臂刚架为基本结构。将多余未知力 X_1、X_2、X_3 和荷载作用在基本结构上[见图 6-9(b)]。为了确定多余约束力 X_1、X_2 和 X_3,可利用多余约束处的变形条件,即基本结构在点 B 沿 X_1、X_2、X_3 方向的位移应与原结构相同,即等于 0。

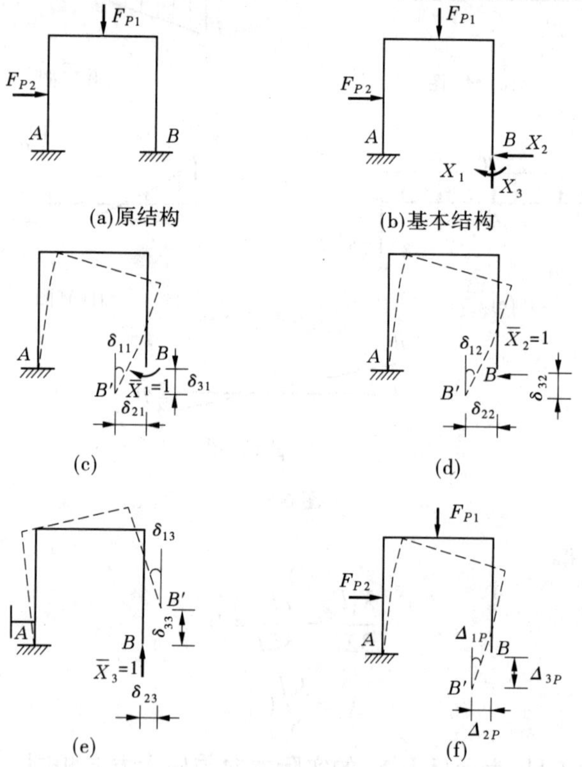

图 6-9

因此,可写为

$$\left.\begin{aligned}\Delta_1 &= 0\\ \Delta_2 &= 0\\ \Delta_3 &= 0\end{aligned}\right\}$$

式中:Δ_1 为基本结构中的 B 点沿 X_1 方向的角位移;Δ_2 为基本结构中的 B 点沿 X_2 方向的水平位移;Δ_3 为基本结构中的 B 点沿 X_3 方向的竖向位移。

若单位力 $\overline{X_1}=1$ 单独作用时，相应地引起 X_1 的作用点沿 X_1、X_2、X_3 方向的位移分别为 δ_{11}、δ_{21}、δ_{31}[见图 6-9(c)]；单位力 $\overline{X_2}=1$ 单独作用时，相应地引起 X_2 的作用点沿 X_1、X_2、X_3 方向的位移分别为 δ_{12}、δ_{22}、δ_{32}[见图 6-9(d)]；单位力 $\overline{X_3}=1$ 单独作用时，相应地引起 X_3 的作用点沿 X_1、X_2、X_3 方向的位移分别为 δ_{13}、δ_{23}、δ_{33}[见图 6-9(e)]；刚架在荷载 F_{P1} 和 F_{P2} 单独作用下相应的位移分别为 Δ_{1P}、Δ_{2P}、Δ_{3P}[见图 6-9(f)]。

根据叠加原理，变形条件可写为

$$\left.\begin{aligned}\Delta_1&=\delta_{11}X_1+\delta_{12}X_2+\delta_{13}X_3+\Delta_{1P}=0\\\Delta_2&=\delta_{21}X_1+\delta_{22}X_2+\delta_{23}X_3+\Delta_{2P}=0\\\Delta_3&=\delta_{31}X_1+\delta_{32}X_2+\delta_{33}X_3+\Delta_{3P}=0\end{aligned}\right\}\tag{6-3}$$

求解这一方程组，求得多余未知力 X_1、X_2 和 X_3，便可应用平衡条件求出原结构的支座反力和内力。

对于 n 次超静定结构，则有 n 个多余未知力，而每个多余未知力都对应一个约束，相应地也就有一个已知的变形条件，因此可建立 n 个方程，从而求出 n 个多余未知力。若原结构上各多余约束力作用处的位移为 0 时，则 n 个方程可写为

$$\left.\begin{aligned}&\delta_{11}X_1+\delta_{12}X_2+\cdots+\delta_{1i}X_i+\cdots+\delta_{1n}X_n+\Delta_{1P}=0\\&\delta_{21}X_1+\delta_{22}X_2+\cdots+\delta_{2i}X_i+\cdots+\delta_{2n}X_n+\Delta_{2P}=0\\&\qquad\vdots\\&\delta_{i1}X_1+\delta_{i2}X_2+\cdots+\delta_{ii}X_i+\cdots+\delta_{in}X_n+\Delta_{iP}=0\\&\qquad\vdots\\&\delta_{n1}X_1+\delta_{n2}X_2+\cdots+\delta_{ni}X_i+\cdots+\delta_{nn}X_n+\Delta_{nP}=0\end{aligned}\right\}\tag{6-4}$$

式中：位移采用了双下标的表示符号，第一个下标表示位移的位置和方向，第二个下标表示产生位移的原因。例如，Δ_{iP} 为由荷载产生的沿 X_i 方向的位移；δ_{ij} 为由单位力 $\overline{X_j}=1$ 产生的沿 X_i 方向的位移，常称为柔度系数。

式(6-4)便是 n 次超静定结构的力法基本方程，上述方程组具有一定规律，不论超静定结构的类型、次数及所选取的基本结构如何，它在荷载作用下的力法方程都具有式(6-4)的形式，故又称力法典型方程。这一方程组的物理意义为：基本结构在全部多余未知力和荷载共同作用下，在去掉各多余约束处沿各多余未知力方向的位移，应与原结构相应的位移相等。

在力法典型方程中，主对角线上的系数 $\delta_{11},\delta_{22},\cdots,\delta_{nn}$ 称为主系数，因为主系数 δ_{ii} 代表由单位力 $\overline{X_i}=1$ 作用时，在其方向上引起的位移，它必然与单位力 $\overline{X_i}=1$ 的方向一致，所以主系数恒大于 0。不在主对角线上的系数 $\delta_{ij}(i\neq j)$ 称为副系数，最后一项 δ_{iP} 为自由项，副系数和自由项可以是正值、负值或 0。根据位移互等定理，副系数 δ_{ij} 和 δ_{ji} 是相等的，即

$$\delta_{ij}=\delta_{ji}\quad(i\neq j)$$

因为基本结构是静定的，所以力法方程中的各系数和自由项都可按前文中求位移的方法计算。系数和自由项求得后，解力法方程组，求得多余未知力 $X_1,X_2,\cdots,X_n$，然后利用静力平衡条件或叠加原理计算各截面内力，绘制内力图。按叠加原理计算内力的公式为

$$\left.\begin{aligned} M &= \overline{M}_1X_1 + \overline{M}_2X_2 + \cdots + \overline{M}_nX_n + M_P \\ F_Q &= \overline{F}_{Q1}X_1 + \overline{F}_{Q2}X_2 + \cdots + \overline{F}_{Qn}X_n + F_{QP} \\ F_N &= \overline{F}_{N1}X_1 + \overline{F}_{N2}X_2 + \cdots + \overline{F}_{Nn}X_n + F_{NP} \end{aligned}\right\} \tag{6-5}$$

式中:$\overline{M}_i$、$\overline{F}_{Qi}$、$\overline{F}_{Ni}$ 为基本结构由于 $\overline{X}_i = 1$ 单独作用所产生的内力;M_P、F_{QP}、F_{NP} 为基本结构由于荷载单独作用所产生的内力。

用力法计算超静定的梁和刚架时,通常忽略剪力和轴力对位移的影响,而只考虑弯矩的影响。因此,力法方程中系数和自由项的表达式为

$$\left.\begin{aligned} \delta_{ii} &= \sum\int\frac{\overline{M}_i^2}{EI}dx \\ \delta_{ij} &= \sum\int\frac{\overline{M}_i\,\overline{M}_j}{EI}dx \\ \Delta_{iP} &= \int\frac{\overline{M}_iM_P}{EI}dx \end{aligned}\right\} \tag{6-6}$$

任务二　力法示例

一、力法的计算步骤和示例

总结用力法计算超静定结构的步骤如下:

(1)确定原结构的超静定次数,去掉原结构的多余约束,并以多余未知力代替相应多余约束的作用,从而得到基本结构。

(2)根据基本结构在多余未知力和荷载共同作用下,在所有各约束处的位移应与原结构相应位移相等的条件,建立力法的典型方程。

(3)计算力法方程中各系数和自由项。作出基本结构的各单位内力图和荷载内力图或写出内力表达式,然后按求位移的方法计算典型方程中各系数和自由项。

(4)将计算出的系数和自由项代入力法典型方程,求解各多余未知力。

(5)按分析静定结构的方法,由平衡条件或叠加法求得最后内力。绘制原结构的内力图。

以下分别举例说明用力法计算超静定梁、刚架、铰接排架、桁架、组合结构和两铰拱的内力的具体方法。

(一)超静定梁和刚架

例题 6-1　如图 6-10 所示刚架,并绘制出弯矩图。

解:(1)此刚架有两个多余约束,为二次超静定结构。现撤去 C 端两个多余约束,用未知力 X_1、X_2 代替其作用,得到如图 6-10(b)所示的基本结构。

(2)根据支座 C 处的变形位移条件建立力法的典型方程:

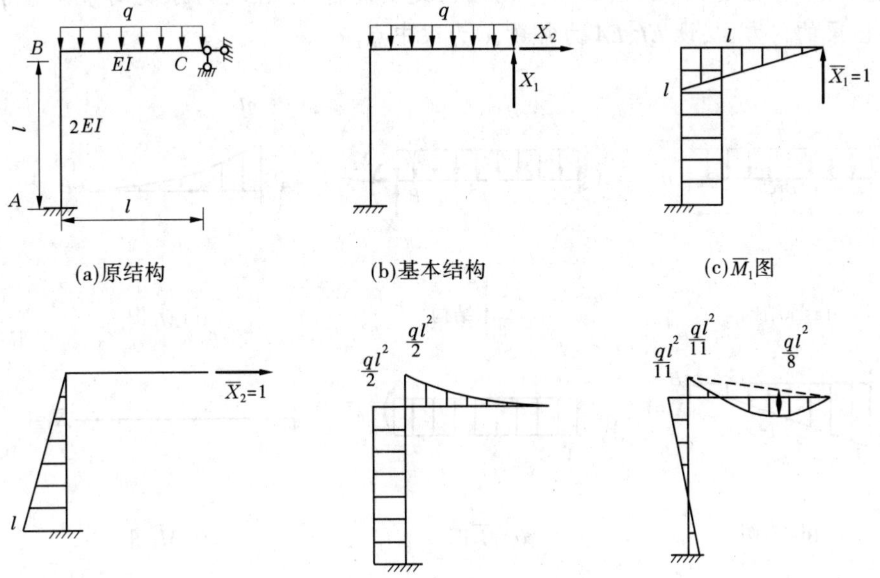

(a)原结构　(b)基本结构　(c)$\overline{M}_1$图

(d)$\overline{M}_2$图　(e)M_P图　(f)M图

图 6-10

$$\left.\begin{aligned}\delta_{11}X_1+\delta_{12}X_2+\Delta_{1P}=0\\ \delta_{21}X_1+\delta_{22}X_2+\Delta_{2P}=0\end{aligned}\right\}$$

(3)计算系数和自由项。先绘制基本结构分别在 $\overline{X_1}=1$、$\overline{X_2}=1$ 和荷载单独作用下的弯矩图,即 $\overline{M_1}$ 图、$\overline{M_2}$ 图和 M_P 图,分别如图 6-10(c)、(d)、(e)所示,可得

$$\delta_{11}=\sum\int\frac{\overline{M_1}^2}{EI}\mathrm{d}x=\frac{1}{EI}\left(\frac{1}{2}l^2\times\frac{2}{3}l\right)+\frac{1}{2EI}(l^2\times l)=\frac{5l^3}{6EI}$$

$$\delta_{22}=\sum\int\frac{\overline{M_2}^2}{EI}\mathrm{d}x=\frac{1}{2EI}\left(\frac{l^2}{2}\times\frac{2l}{3}\right)=\frac{l^3}{6EI}$$

$$\delta_{21}=\delta_{12}=\sum\int\frac{\overline{M_1}\ \overline{M_2}}{EI}\mathrm{d}x=-\frac{1}{2EI}\left(\frac{l^2}{2}\times l\right)=-\frac{l^3}{4EI}$$

$$\Delta_{1P}=\sum\frac{\overline{M_1}\ M_P}{EI}\mathrm{d}x=-\frac{1}{EI}\left(\frac{1}{3}\times\frac{ql^2}{2}\times l\times\frac{3l}{4}\right)-\frac{1}{2EI}\left(\frac{1}{2}ql^2\times l\times l\right)=-\frac{3ql^4}{8EI}$$

$$\Delta_{2P}=\sum\int\frac{\overline{M_2}\ M_P}{EI}\mathrm{d}x=\frac{1}{2EI}\left(\frac{l^2}{2}\times\frac{ql^2}{2}\right)=\frac{ql^4}{8EI}$$

代入力法方程,解上述方程组得

$$X_1=\frac{9ql}{22},X_2=-\frac{3ql}{22}\text{(说明与假设方向相反)}$$

(4)根据叠加公式 $M=\overline{M_1}X_1+\overline{M_2}X_2+M_P$,作弯矩图,如图 6-10(f)所示。

例题 6-2 如图 6-11(a)所示为一两端固定的超静定梁,全跨承受均布荷载 q 的作用,试绘出梁的内力图,设 EI、EA 为常数,c 为梁中点。

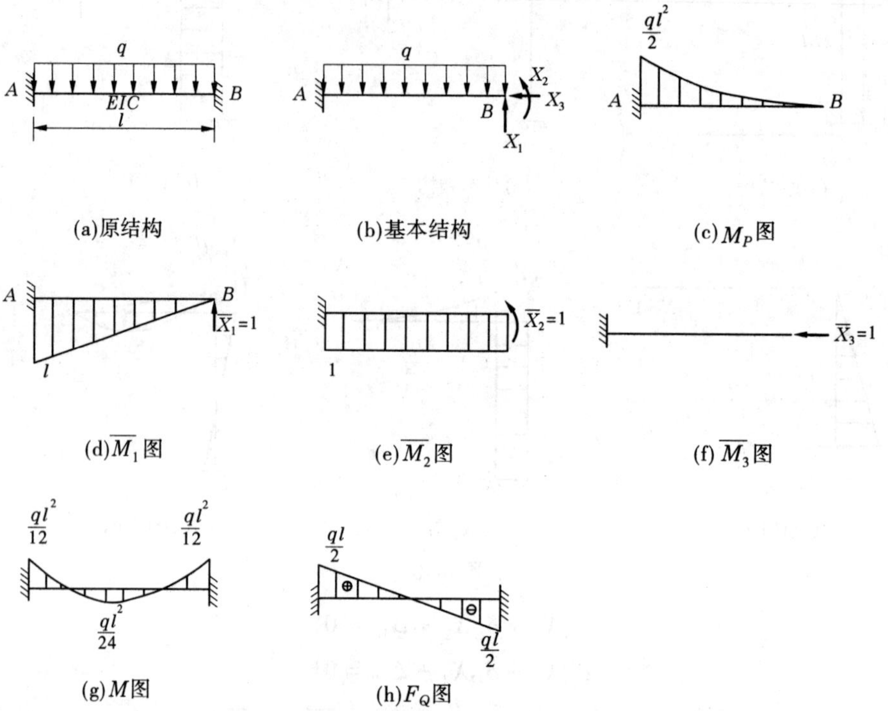

(a)原结构 (b)基本结构 (c)M_P图

(d)$\overline{M_1}$图 (e)$\overline{M_2}$图 (f)$\overline{M_3}$图

(g)M图 (h)F_Q图

图 6-11

解:(1)此梁有三个多余约束,为三次超静定结构。现撤去 B 端三个多余约束,用未知力 X_1、X_2 和 X_3 代替其作用,得到如图 6-11(b)所示的基本结构。

(2)根据支座 B 处的变形位移条件建立力法的典型方程:

$$\left.\begin{aligned}\delta_{11}X_1+\delta_{12}X_2+\delta_{13}X_3+\Delta_{1P}=0\\ \delta_{21}X_1+\delta_{22}X_2+\delta_{23}X_3+\Delta_{2P}=0\\ \delta_{31}X_1+\delta_{32}X_2+\delta_{33}X_3+\Delta_{3P}=0\end{aligned}\right\}$$

(3)计算系数和自由项。先绘制基本结构分别在荷载单独作用下,以及单位力 $\overline{X_1}=1$、$\overline{X_2}=1$ 和 $\overline{X_3}=1$ 单独作用下的弯矩图,即 M_P 图、$\overline{M_1}$ 图、$\overline{M_2}$ 图和 $\overline{M_3}$ 图,分别如图 6-11(c)、(d)、(e)、(f)所示,可得

$$\delta_{11}=\frac{1}{EI}\times\frac{l}{2}\times l\times\frac{2l}{3}=\frac{l^3}{3EI}$$

$$\delta_{22}=\frac{1}{EI}\times l\times 1\times 1=\frac{l}{EI}$$

$$\delta_{21}=\delta_{12}=\frac{1}{EI}\times\frac{l}{2}\times l\times 1=\frac{l^2}{2EI}$$

$$\Delta_{1P}=-\frac{1}{EI}\left(\frac{1}{3}\times\frac{ql^2}{2}\times l\times\frac{3l}{4}\right)=-\frac{ql^4}{8EI}$$

$$\Delta_{2P}=-\frac{1}{EI}\left(\frac{1}{3}\times\frac{ql^2}{2}\times l\times 1\right)=-\frac{ql^3}{6EI}$$

由于$\overline{M_3}=0$，故$\delta_{13}=\delta_{31}=0,\delta_{23}=\delta_{32}=0,\Delta_{3P}=0$，如果考虑轴力的影响，有

$$\delta_{33}=\int\frac{\overline{M_3}^2}{EI}dx+\int\frac{\overline{F_{N3}}^2}{EA}dx=\frac{l}{EA}$$

将以上结果代入力法方程后得：

$$\frac{l^3}{3EI}X_1+\frac{l^2}{2EI}X_2+0\times X_3-\frac{ql^4}{8EI}=0$$

$$\frac{l^2}{2EI}X_1+\frac{l}{EI}X_2+0\times X_3-\frac{ql^3}{6EI}=0$$

$$0\times X_1+0\times X_2+\frac{l}{EA}\times X_3+0=0$$

解上述方程组得：

$$X_1=\frac{ql}{2},X_2=-\frac{ql^2}{12},X_3=0$$

这表明两端固定的梁在垂直于梁轴线的荷载作用下并不产生水平反力。

(4)作内力图。根据叠加公式$M=\overline{M_1}X_1+\overline{M_2}X_2+\overline{M_3}X_3+M_P$，可得：

$$M_A=l\times\frac{ql}{2}-1\times\frac{ql^2}{12}+0-\frac{ql^2}{2}=-\frac{ql^2}{12}$$

$$M_B=0-\frac{ql^2}{12}+0=-\frac{ql^2}{12}$$

$$M_C=\frac{l}{2}\times\frac{ql}{2}-1\times\frac{ql^2}{12}-\frac{ql^2}{8}=\frac{ql^2}{24}$$

绘弯矩图，如图6-11(g)所示，剪力可由平衡条件求得，并绘制剪力图，如图6-11(h)所示。

(二)排架计算

单层工业厂房中排架结构也属于一种组合结构，是由屋架(屋面大梁)、柱子、基础等构件组成的结构(见图6-12)。在取计算简图进行分析时，一般考虑屋架与柱顶铰结，柱与基础为刚结。同时，设两个柱顶的相对位移为0，也就是说把屋架(或屋面大梁)看作一根抗拉刚度$EA=\infty$的链杆，这样在计算系数和自由项时，忽略链杆轴向变形的影响，只考虑柱子对变形的影响。

例题6-3 试用力法解如图6-13所示排架，并绘制弯矩图。设$EI_2=6EI_1$。

解：(1)该排架为一次超静定结构。现切断链杆，得到如图6-13(b)所示的基本结构。

(2)根据支座C处的变形位移条件建立力法的典型方程：

$$\delta_{11}X_1+\Delta_{1P}=0$$

(3)计算系数和自由项。先绘制基本结构分别在$\overline{X_1}=1$和荷载单独作用下的弯矩图，即$\overline{M_1}$图和M_P图，分别如图6-13(c)、(d)所示，可得

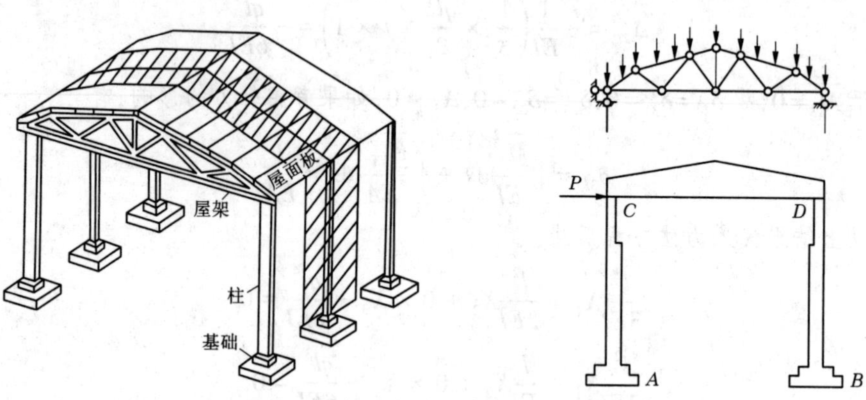

(a)

(b)

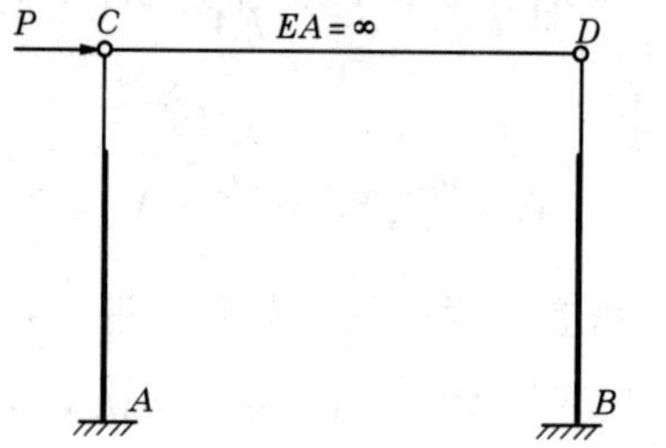

(c)

图 6-12

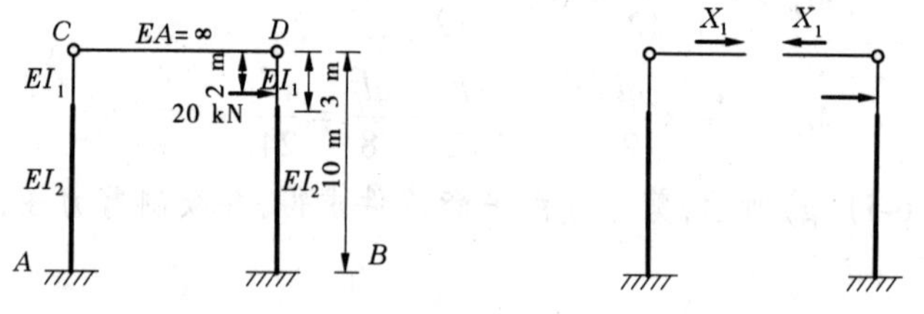

(a)原结构

(b)基本结构

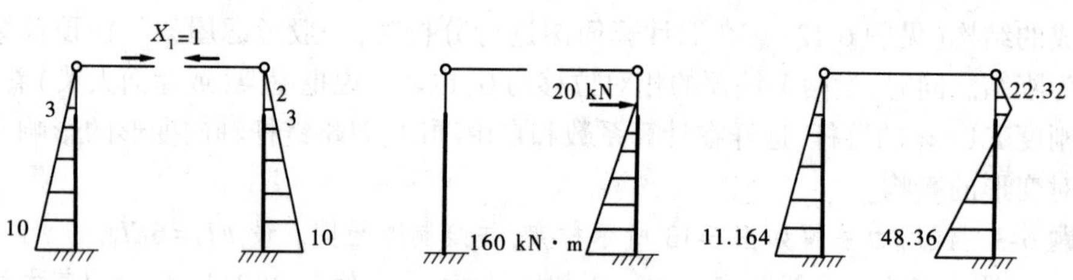

(c) $\overline{M_1}$图

(d) M_P图

(e) M 图(kN · m)

图 6-13

$$\delta_{11}=\sum\int\frac{\overline{M}_1^2}{EI}dx=\frac{2}{EI_1}\left(\frac{1}{2}\times3\times3\times\frac{2}{3}\times3\right)+\frac{1}{EI_2}\left[\frac{1}{2}\times7\times3\times\left(\frac{2}{3}\times3+\frac{1}{3}\times10\right)+\frac{1}{2}\times7\times10\times\left(\frac{2}{3}\times10+\frac{1}{3}\times3\right)\right]=\frac{1\ 297}{3EI_2}$$

$$\Delta_{1P}=\sum\int\frac{\overline{M}_1\ \overline{M}_P}{EI}dx=-\frac{1}{EI_2}\left[\frac{1}{2}\times7\times160\times\left(\frac{2}{3}\times10+\frac{1}{3}\times3\right)+\frac{1}{2}\times7\times20\times\left(\frac{2}{3}\times3+\frac{1}{3}\times10\right)\right]-\frac{1}{EI_1}\times\frac{1}{2}\times1\times20\times\left(\frac{2}{3}\times3+\frac{1}{3}\times2\right)=-\frac{14\ 480}{3EI_2}$$

代入力法方程,解上述方程组得

$$X_1=-\frac{\Delta_{1P}}{\delta_{11}}=11.164(\text{kN})$$

(4)根据叠加公式 $M=\overline{M}_1X_1+M_P$,作弯矩图,如图6-13(e)所示。

(三)超静定桁架

例题6-4　试计算如图6-14所示超静定桁架各杆的轴力。已知各杆的 EA 相同。

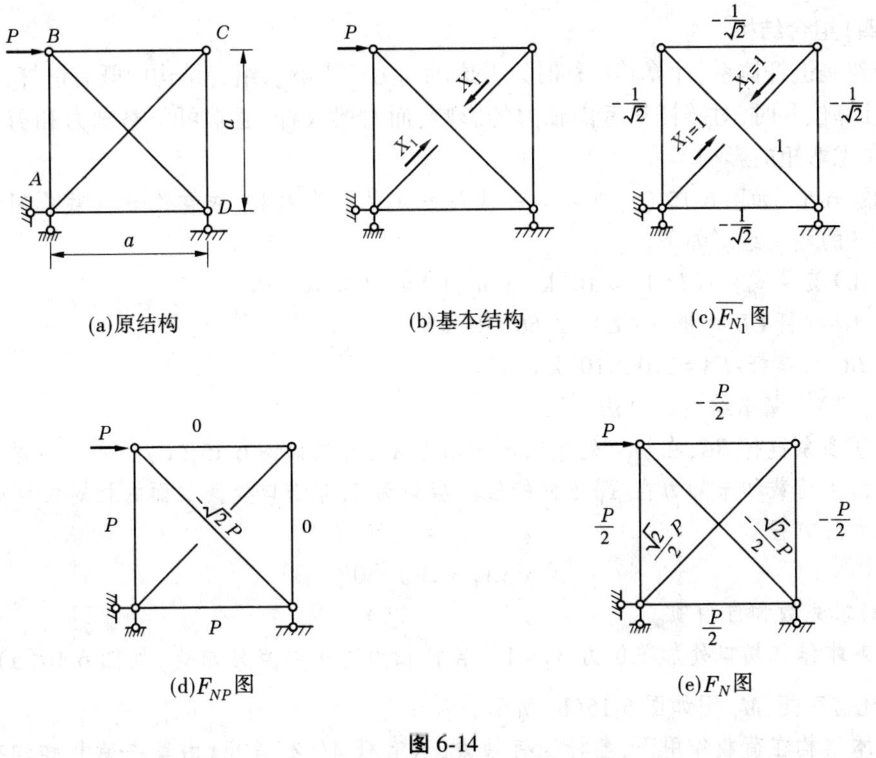

(a)原结构　(b)基本结构　(c)$\overline{F_{N_1}}$图

(d)F_{NP}图　(e)F_N图

图6-14

解:此桁架是一次超静定结构,现切断 AC 杆,并用多余力 X_1 代替,得到如图6-14(b)所示的基本结构。现根据切口两侧截面沿杆轴线方向的相对线位移为0的条件,可建立力法方程:

$$\delta_{11}X_1 + \Delta_{1P} = 0$$

为了计算其系数和自由项,先分别求出单位力$\overline{X_1}=1$和已知荷载分别作用于基本结构时所产生的轴力,绘出轴力图[见图6-14(c)、(d)],则

$$\delta_{11} = \sum \frac{\overline{F_{N1}}^2 l}{EA} = \frac{1}{EA}\left[4\times\left(-\frac{1}{\sqrt{2}}\right)^2\times a + 1^2\times\sqrt{2}a\times 2\right] = \frac{2\times(1+\sqrt{2})a}{EA}$$

$$\Delta_{1P} = \sum \frac{\overline{F_{N1}}F_{NP}l}{EA} = \frac{1}{EA}\left[2\times\left(-\frac{1}{\sqrt{2}}\right)\times P\times a + 1\times(-\sqrt{2}P)\times\sqrt{2}a\right]$$

$$= -\frac{(2+\sqrt{2})Pa}{EA}$$

$$X_1 = -\frac{\Delta_{1P}}{\delta_{11}} = \frac{\sqrt{2}}{2}P$$

原结构中各杆的轴力可按下式计算:

$$F_N = X_1\overline{F_{N1}} + F_{NP} = \frac{\sqrt{2}}{2}P\overline{F_{N1}} + F_{NP}$$

最后结果如图6-14(e)所示。

(四)组合结构

桁架是链杆体系,计算其位移时只考虑轴向力的影响。组合结构中既有链杆,又有梁式杆,计算位移时,对链杆只考虑轴力的影响,而对梁式杆,通常可忽略轴力和剪力的影响,只考虑弯矩的影响。

例题6-5 如图6-15(a)所示为一次超静定的组合结构,求在图示荷载作用下的内力。各杆的刚度给定如下。

杆AD为梁式杆:$EI=1.4\times10^4\ \text{kN}\cdot\text{m}^2$,$EA=1.99\times10^6\ \text{kN}$。

杆AC和杆CD为链杆:$EA=2.56\times10^5\ \text{kN}$。

杆BC为链杆:$EA=2.02\times10^5\ \text{kN}$。

解:(1)求基本结构和力法方程。

切断多余链杆BC,在切口处代以未知轴力X_1,得到如图6-15(b)所示基本结构。基本结构由于荷载和未知力在X_1方向的位移应当为0,即切口处两截面的相对位移应为0。由此得力法方程:

$$\delta_{11}X_1 + \Delta_{1P} = 0$$

(2)求系数和自由项。

在基本结构切口处加单位力$X_1=1$。各杆轴力可由结点法求得,如图6-16(a)所示。杆AD还有弯矩,$\overline{M_1}$图如图6-16(b)所示。

基本结构在荷载作用下,各杆没有轴力,只有杆AD有弯矩,由集中荷载和均布荷载产生的两个M_P图分别如图6-16(c)、(d)所示。

$$\delta_{11} = \int\frac{M_1^2}{EI}ds + \sum\frac{F_{N1}^2 l}{EA} = \frac{1}{1.4\times10^4}\times\left[\frac{1.49\times2.975}{2}\times\left(\frac{2}{3}\times1.49\right)\right]\times$$

$$2+\frac{1}{1.99\times10^{6}}\times(1.86^{2}\times5.95)+\frac{1}{2.56\times10^{5}}\times(1.93^{2}\times3.08)\times2+$$
$$\frac{1}{2.02\times10^{5}}\times(1^{2}\times0.80)=0.000\,418(\mathrm{m/kN})$$

$$\Delta_{1P}=\int\frac{\overline{M}_1M_P}{EI}\mathrm{d}s=\frac{1}{1.4\times10^{4}}\times\left[\left(\frac{2}{3}\times13.28\times2.975\right)\times\left(\frac{5}{8}\times1.49\right)\times2+\left(\frac{1}{2}\times135\times1.225\right)\times\right.$$
$$\left.\left(\frac{2}{3}\times0.61\right)\times2+(135\times1.75)\times\left(\frac{0.61+1.49}{2}\right)\times2\right]=0.041\,3(\mathrm{m})$$

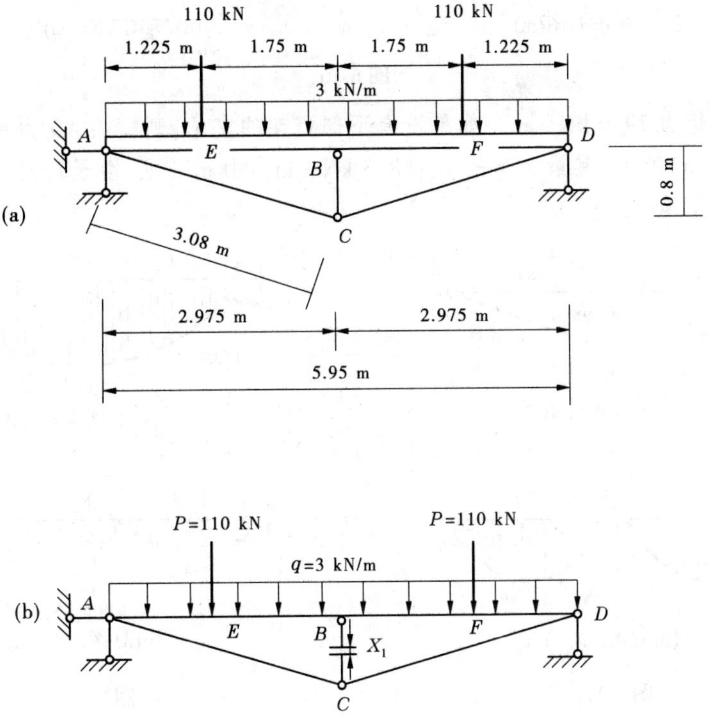

图 6-15

(3) 求多余未知力。

$$X_1=-\frac{\Delta_{1P}}{\delta_{11}}=-\frac{0.041\,3}{0.000\,418}=-98.804(\mathrm{kN})(\text{压力})$$

(4) 求内力。

内力叠加公式为

$$F_N=\overline{F_{N1}}X_1+F_{NP}$$
$$M=\overline{M_1}X_1+M_P$$

各杆轴力及横梁 *AD* 弯矩图见图 6-17(a)、(b)。

(5) 讨论。

由图 6-17(b) 可以看出，横梁 *AD* 在中点 *B* 受到下部桁架的支承反力为 104.5 kN，这

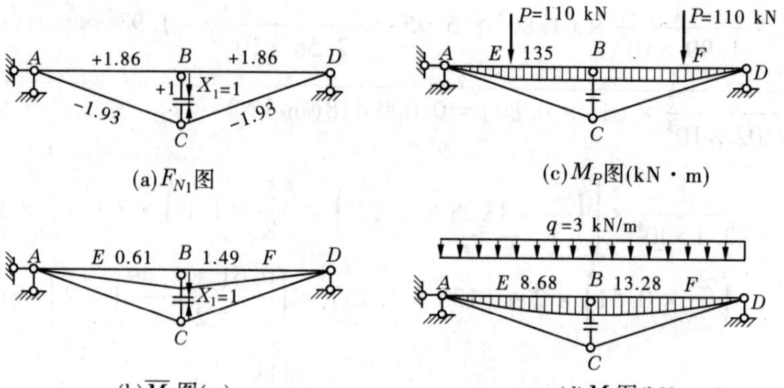

(a)F_{N1}图　(c)M_P图(kN・m)

(b)$\overline{M}_1$图(m)　(d)M_P图(kN・m)

图 6-16

时横梁最大弯矩为79.9 kN・m。如果没有下部桁架的支承,则横梁AD为一简支梁,其弯矩图如图6-18(a)所示,其最大弯矩为148.3 kN・m。由此可见,由于桁架的支承,横梁的最大弯矩减少了46%。

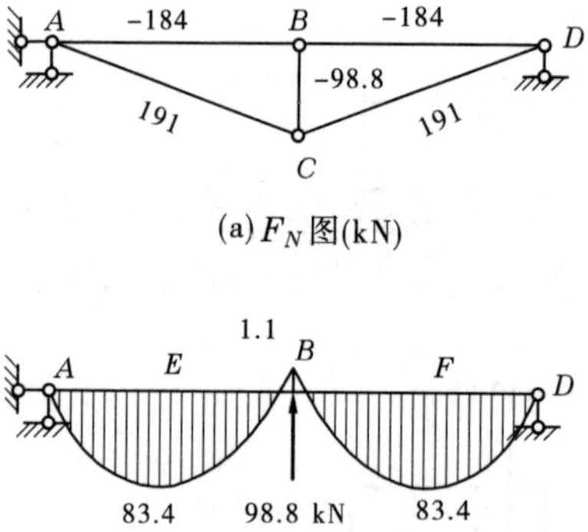

(a)F_N图(kN)

(b)M图(kN・m)

图 6-17

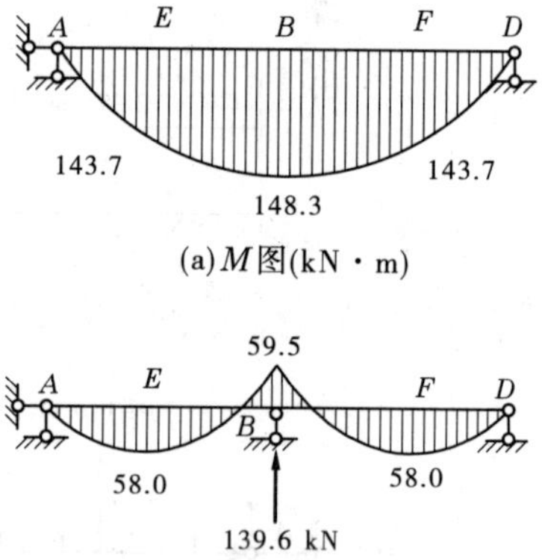

(a)M图(kN・m)

(b)M图(kN・m)

图 6-18

还需指出,这个超静定结构的内力分布与横梁和桁架的相对刚度有关。如果下部链杆的截面很小,则横梁的M图接近于简支梁的M图[见图6-18(a)]。如果下部链杆的截面很大,则横梁的M图接近两跨连续梁的M图[见图6-18(b)]。

(五)两铰拱

建筑工程中常用的拱式结构,除前文介绍过的三铰拱外,还有两铰拱[见图6-19(a)、(b)]、无铰拱[见图6-19(d)]。两铰拱和无铰拱都属于超静定拱结构。与三铰拱一样,两铰拱的竖向荷载作用下也会产生水平向的支座反力,并且两铰拱的内力也主要是承担轴向压力,弯矩很小,截面的应力分布比较均匀,受力比较合理。所以,两铰拱在实际工程中应用较为广泛,如房屋、桥梁、水工结构和地下结构中都可以见到。在房屋结构中常用带拉杆的两铰拱作为大跨度的屋盖结构[见图6-19(c)]。拉杆的作用是用它的拉力来抵消因竖向荷载而引起的水平支座反力,可以使支撑屋盖的墙体免受水平推力的作用。

例题6-6　试根据受力情况对如图6-20(a)所示的两铰拱进行内力分析。

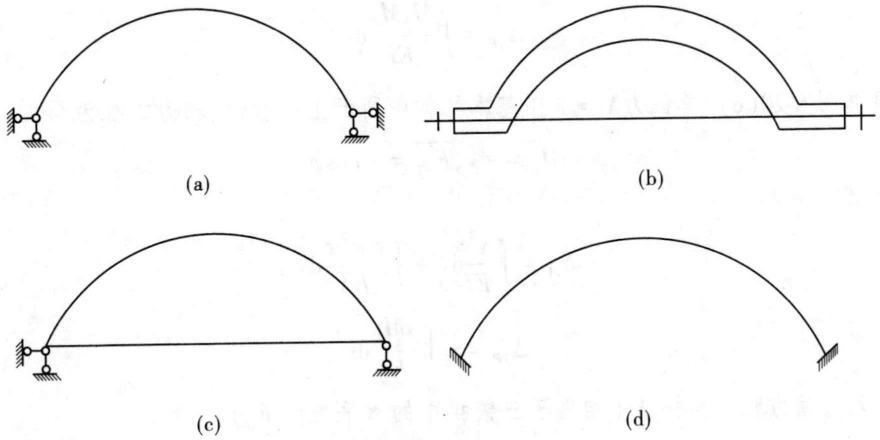

图 6-19

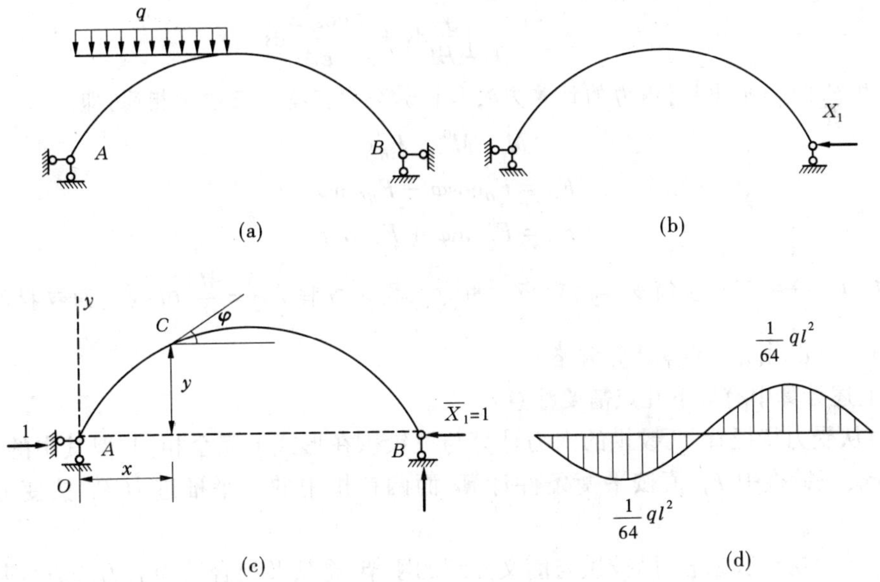

图 6-20

解:两铰拱是一次超静定,在选择基本结构时,通常去掉一个水平支座杆件,用多余未知力 X_1 代替,即以简支曲梁作为基本结构[见图 6-20(b)],其位移条件是原结构在支座 B 处的水平位移为 0。根据位移条件可建立一次超静定力法典型方程:

$$\delta_{11}X_1 + \Delta_{1P} = 0$$

计算系数和自由项时,轴力、剪力和弯矩在不同情况下对位移具有不同程度的影响。一般情况下剪力对位移的影响很小,常常可以忽略不计。此外,当拱高大于跨度的 1/3、拱截面厚度与跨度之比小于 1/10 时,即比较高和薄的拱,轴力对自由项 Δ_P 影响较小,也可忽略不计,但计算系数 δ_{11} 时则需要考虑轴力的影响,因此它们的计算式为

$$\delta_{11} = \int \frac{\overline{M_1^2}}{EI}\mathrm{d}s + \int \frac{\overline{F_{N1}^2}}{EA}\mathrm{d}s$$

$$\Delta_{1P} = \int \frac{\overline{M_1} M_P}{EI} ds$$

根据图 6-20(c),单位力$\overline{X_1}=1$在基本结构中所产生的弯矩、轴力方程为

$$\overline{M_1} = -y, \overline{F_{N1}} = -\cos\varphi$$

所以有

$$\delta_{11} = \int \frac{y^2}{EI} ds + \int \frac{\cos^2\varphi}{EA} ds$$

$$\Delta_{1P} = -\int \frac{y M_P}{EI} ds$$

代入力法方程可解出X_1(相当于三铰拱中的水平推力F_H):

$$X_1 = -\frac{\Delta_{1P}}{\delta_{11}} = \frac{\int \frac{y M_P}{EI} ds}{\int \frac{y^2}{EI} ds + \int \frac{\cos^2\varphi}{EA} ds}$$

推力$F_H(X_1)$求出后,内力的计算方法和计算公式完全与三铰拱相同,即

$$M = M^0 - F_H y$$

$$F_Q = F_Q^0 \cos\varphi - F_H \sin\varphi$$

$$F_N = F_Q^0 \sin\varphi + F_H \cos\varphi$$

式中:M^0、F_Q^0分别为相应简支梁的弯矩和剪力。拱轴方程为$y=\frac{4f}{l^2}x(l-x)$,两铰拱的弯矩图如图 6-20(d)所示(具体计算省略)。

在上述计算中有以下几点需要注意:

(1)从受力特征看,两铰拱的内力计算与三铰拱在形式上完全相同,但其中的F_H值有所不同,三铰拱中F_H值按平衡条件计算,而两铰拱中的水平推进力F_H按变形条件求得。

(2)从力法计算来看,两铰拱与前文介绍的刚架、桁架及组合结构的力法方程基本相同,但系数δ_{11}和Δ_{1P}需按曲杆积分公式计算,而不能采用图乘法。

二、对称性的利用

实际工程中很多结构是对称的,利用它的对称性可简化计算过程。

用力法分析超静定结构时,力法方程是多余未知力的线性代数方程组,需要计算方程的系数和解联立方程。其结构的超静定次数越高,方程数量越多,计算工作量就越大。而主要工作量的大小取决于典型方程,并且需要计算大量的系数和自由项并求解该线性方程组。利用对称性来计算超静定结构,其目的就是要简化计算过程。要简化计算必须从简化典型方程着手。在典型方程中若能使一些系数和自由项等于0,则计算可得到一定程度的简化。通过对典型方程中系数的物理意义的分析可知,主系数是恒为正数,因此只能从副系数、自由项和基本未知量三个方面考虑。力法简化的原则是:使尽可能多的副系

数和自由项等于0。这样不仅简化了系数的计算工作,也简化了联立方程的求解工作。为达到这一目的,本任务讨论利用结构的对称、荷载的对称和反对称来简化计算。

(一)对称结构

对称结构必须满足以下两个方面:

(1)结构的几何形状和支承情况关于某一轴线对称。

(2)各杆的刚度(EI 和 EA 等)也关于此轴对称。

(二)对称性利用

1. 选取对称的基本结构

如果将如图6-21(a)所示结构沿对称轴的截面截开,便得到对称的结构[见图6-21(b)],多余未知力有三对,即 X_1、X_2 和 X_3。如果对称轴两边的力大小相等,沿对称轴对折后作用点和作用线均重合且指向相同,则称正对称的力,如 X_1、X_2;如果对称轴两边的力大小相等,沿对称轴对折后作用点和作用线均重合但指向相反,则称反对称的力,如 X_3。绘出基本结构的各单位弯矩图,如图6-21(c)、(d)、(e)所示,由图6-21(c)、(d)、(e)可知,力法典型方程中的副系数 $\delta_{13}=\delta_{31}=0$,$\delta_{23}=\delta_{32}=0$。于是,典型方程便简化为

$$\left.\begin{aligned}\delta_{11}X_1+\delta_{12}X_2+\Delta_{1P}=0\\ \delta_{21}X_1+\delta_{22}X_2+\Delta_{2P}=0\\ \delta_{33}X_3+\Delta_{3P}=0\end{aligned}\right\}\tag{6-7}$$

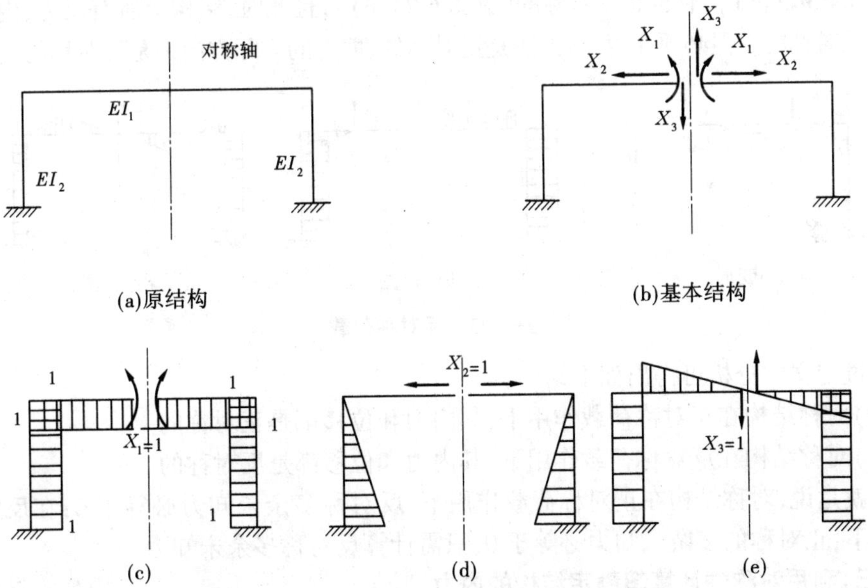

图6-21

由此可知,用力法计算对称结构时,若取对称的基本结构且多余未知力都是正对称力和反对称力时,力法典型方程将分成两组,一组只包含正对称未知力,另一组只包含反对称未知力。利用对称性可以达到计算简化的目的。

2. 选择对称或反对称的荷载(荷载分组)

如果作用在对称结构上的荷载也是正对称的[见图 6-22(a)],则 M_P 图也是正对称的[见图 6-22(b)],于是有 $\Delta_{3P}=0$。由典型方程的第 3 式可知,反对称的多余未知力 $X_3=0$,因此只需计算正对称的多余未知力 X_1 和 X_2。最后的弯矩图为 $M=\overline{M}_1X_1+\overline{M}_2X_2+M_P$,它也将是正对称的,其形状如图 6-22(c)所示。由此可推知:对称结构在正对称荷载作用下,结构上所有的反力、内力及位移[见图 6-22(a)中虚线]都是正对称的。同时必须注意,此时剪力图是反对称的,这是由于剪力的正负号规定所致,而剪力的实际方向则是正对称的。

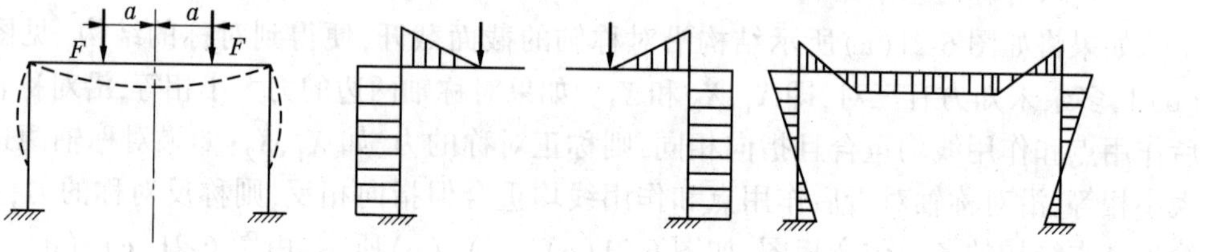

(a)变形　　(b) M_P 图　　(c) M 图

图 6-22　正对称荷载

如果作用在结构上的荷载是反对称的[见图 6-23(a)],作出 M_P 图,如图 6-23(b)所示,则同理可证,此时正对称的多余未知力 $X_1=X_2=0$,只剩下反对称的多余未知力 X_3。最后弯矩图为 $M=\overline{M}_3X_3+M_P$,它也是反对称的[见图 6-23(c)],且此时,结构上所有反力、内力和位移都是反对称的。但必须注意,剪力图是正对称的,剪力的实际方向则是反对称的。

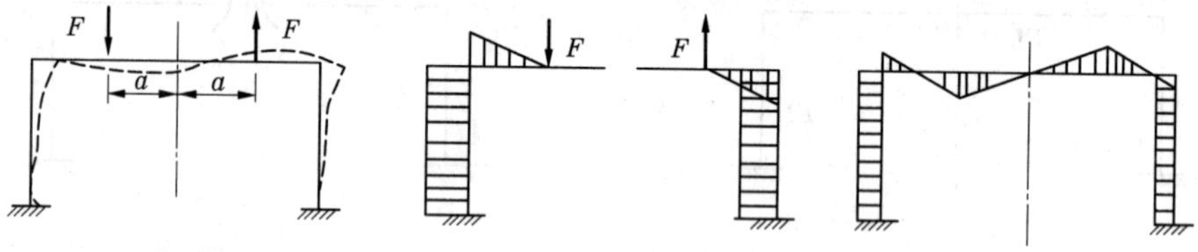

(a)变形　　(b) M_P 图　　(c) M 图

图 6-23　反对称荷载

通过上文的分析可得出如下结论:

(1)对称结构在正对称荷载作用下,其内力和位移都是正对称的。

(2)对称结构在反对称荷载作用下,其内力和位移都是反对称的。

也就是说,对称结构在正对称荷载作用下,反对称多余未知力必等于 0;在反对称荷载作用下,正对称的多余未知力必等于 0,只需计算反对称多余未知力。

(三)利用对称性计算超静定结构的内力

例题 6-7　求作如图 6-24(a)所示刚架在水平力 P 作用下的弯矩图。

解:荷载 P 可分解为正对称荷载[见图 6-24(b)]和反对称荷载[见图 6-24(c)]。

在正对称荷载作用下[见图 6-24(b)],可以得出只有横梁承受压力 $\frac{P}{2}$,由于计算刚架时通常忽略轴力对变形的影响,也就是忽略横梁的压缩变形,而不会引起其他内力。在这个条件下,上述内力状态不仅满足了平衡条件,也同时满足了变形条件,所以就是真正的

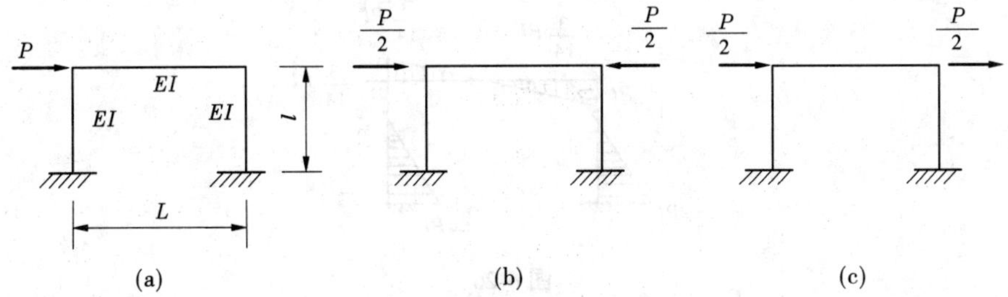

图 6-24

内力状态。因此,为了求如图 6-24(a)所示刚架的弯矩图,只需求作如图 6-24(c)所示中刚架在反对称荷载作用下的弯矩图即可。

在反对称荷载作用下,基本结构如图 6-25(a)所示。切口截面的弯矩、轴力都是正对称的未知力,应为 0;只有反对称未知力 X_1 存在。基本结构在荷载和单位未知力作用下的弯矩图如图 6-25(b)、(c)所示。

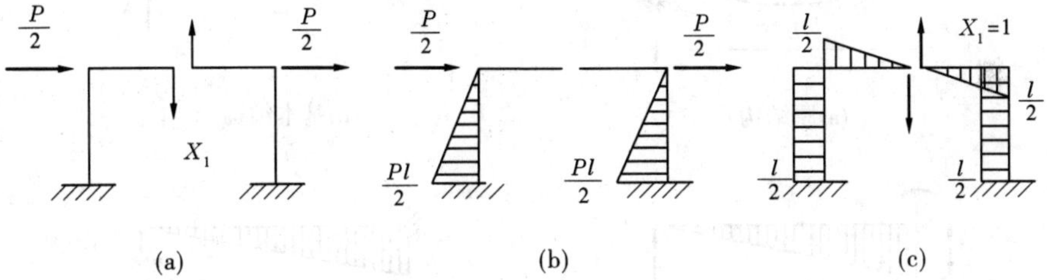

图 6-25

根据切口处沿 X_1 方向的相对位移为 0 的条件,建立力法方程为

$$\delta_{11}X_1 + \Delta_{1P} = 0$$

由此得:

$$\delta_{11} = \frac{2}{EI}\left(\frac{1}{2} \times \frac{1}{2}l \times \frac{1}{2}l \times \frac{2}{3} \times \frac{1}{2}l + \frac{1}{2}l \times l \times \frac{1}{2}l\right) = \frac{7l^3}{12EI}$$

$$\Delta_{1P} = \frac{2}{EI}\left(\frac{1}{2} \times \frac{1}{2}Pl \times l \times \frac{1}{2}l\right) = \frac{Pl^3}{4EI}$$

代入力法方程,求得

$$X_1 = -\frac{\Delta_{1P}}{\delta_{11}} = -\frac{3}{7}P$$

根据叠加公式可得

$$M = \overline{M}_1 X_1 + M_P$$

刚架的弯矩图如图 6-26 所示。

三、支座移动和温度变化情况下超静定结构的计算

(一)支座移动时内力计算

对于静定结构,当支座移动时可产生位移,但不引起内力。但对于超静定结构,当支

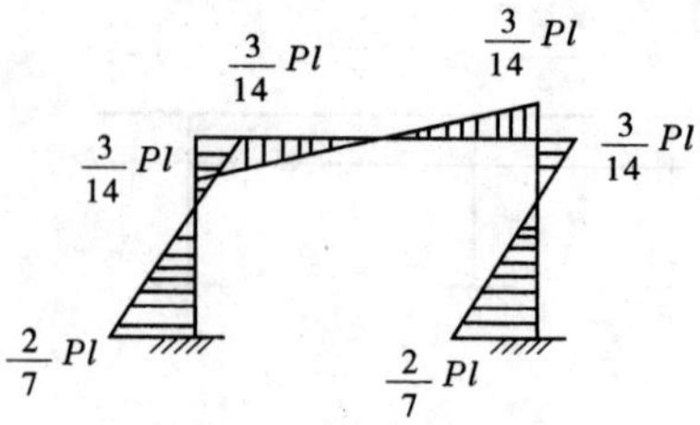

图 6-26

座移动时，由于多余约束限制了结构的自由变化和位移，因而产生内力。计算超静定结构在支座移动情况下的内力，原则上与荷载作用或温度改变时的情况相同，唯一区别在于典型方程中的自由项的计算。

例题 6-8 如图 6-27(a)所示为单跨超静定梁，设固定支座 A 处发生转角 φ，试求梁的支座反力和内力。

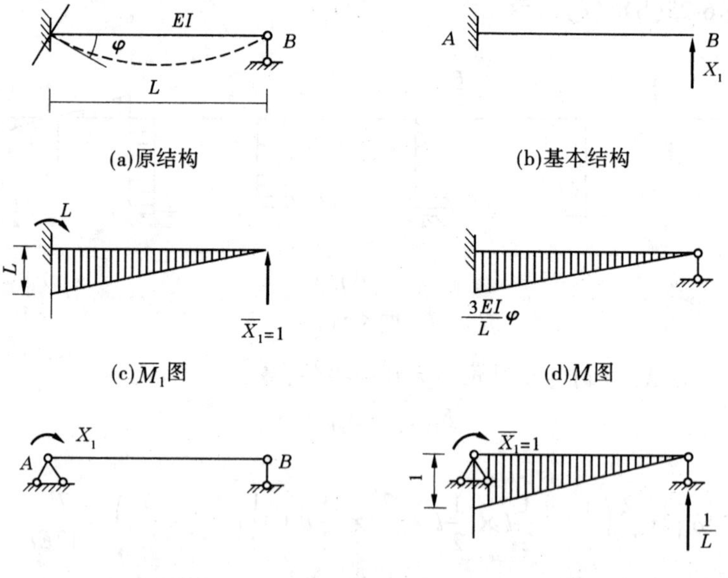

(a)原结构　(b)基本结构　(c)$\overline{M}_1$图　(d)M图　(e)基本结构　(f) $\overline{M}_1$图

图 6-27

解：选取基本结构[如图 6-27(b)所示的悬臂梁]。根据原结构支座 B 处竖向位移等于 0 的条件，列出力法方程：

$$\delta_{11}X_1 + \Delta_{1C} = 0$$

绘出 $\overline{M_1}$ 图，如 6-27(c)所示，由此可求得

$$\delta_{11} = \frac{1}{EI}\left(\frac{1}{2} \times L \times L \times \frac{2}{3}L\right) = \frac{L^3}{3EI}$$

$$\Delta_{1C} = -\sum \overline{R}_i C_i = -(L \times \varphi) = -L\varphi$$

代入力法方程可求得

$$X_1 = -\frac{\Delta_{1C}}{\delta_{11}} = \frac{3EI}{L^2}\varphi$$

所得结果为正值,表明多余力的作用方向与图 6-27(b)中所设的方向相同。

根据 $M=X_1\overline{M_1}$ 作出最后弯矩图,如图 6-27(d)所示。梁的支座反力分别为

$$R_B = X_1 = \frac{3EI}{L^2}\varphi(\uparrow)$$

$$R_A = -R_B = -\frac{3EI}{L^2}\varphi(\downarrow)$$

$$M_A = \frac{3EI}{L}\varphi(\downarrow)$$

如果选取基本结构[如图 6-27(e)所示的简支梁],则相应的力法方程就成为

$$\delta_{11}X_1 + \Delta_{1C} = \varphi$$

绘出 $\overline{M}_1$ 图,并求出相应的反力 $\overline{R}$[见图 6-27(f)]。由此可求得

$$\delta_{11} = \frac{1}{EI}\left(\frac{1}{2} \times 1 \times L \times \frac{2}{3}\right) = \frac{L}{3EI}$$

$$\Delta_{1C} = -\sum \overline{R}_i C_i = 0$$

代入上述力法方程,即得

$$\frac{L}{3EI}X_1 = \varphi$$

故

$$X_1 = \frac{\varphi}{L/3EI} = \frac{3EI}{L}\varphi$$

据此作出的 M 图仍如图 6-27(d)所示。由此可以看出,选取的基本结构不同,相应的力法方程形式也不同,但最后内力图是相同的。

从以上解题过程看出支座移动作用下的计算特点如下:

(1)用力法计算支座移动作用下的超静定结构时,选择不同的基本结构,其力法方程可以有较大的不同。力法方程式等号左侧表示的是基本结构上未知力作用点的位移。而等号右侧则表示原结构上未知力作用点的实际位移。它可以是 0 也可以不是 0,这要视选择的基本结构的具体情况而定。

(2)力法方程中的自由项是支座移动作用下,基本结构(静定结构)未知力作用点的位移 Δ_{iC},其计算方法应按下式进行,即

$$\Delta_{iC} = -\sum \overline{R}C$$

其正负号应以所选择的未知力 X_i 的方向为准,与 X_i 一致者为正,反之为负。

(3)在荷载作用下,超静定结构的内力只与杆件之间的 EI 的比值有关,而与其绝对值无关。而在支座移动作用下,其内力值与各杆 EI 的绝对值有关。

(二)温度改变时的内力计算

超静定结构在温度变化情况下的内力计算方法同在荷载作用下的计算方法相同,仍

要判断超静定次数和选择适当的基本结构，不同点是力法方程中的自由项是由温度变化引起的基本结构上未知力作用点的位移，力法典型方程如下：

$$\begin{aligned}\delta_{11}X_1 + \delta_{12}X_2 + \cdots + \delta_{1n}X_n + \Delta_{1t} &= 0\\ \delta_{21}X_1 + \delta_{22}X_2 + \cdots + \delta_{2n}X_n + \Delta_{2t} &= 0\\ &\vdots\\ \delta_{n1}X_1 + \delta_{n2}X_2 + \cdots + \delta_{nn}X_n + \Delta_{nt} &= 0\end{aligned}$$

式中：Δ_{nt} 为温度变化引起的基本结构（静定结构）未知力作用点的位移。

Δ_{nt} 可按下式计算：

$$\Delta_{nt} = \sum(\pm)\int \overline{F_{Ni}}\alpha t_0 \mathrm{d}s + \sum(\pm)\alpha\frac{\Delta t}{h}A\overline{M}$$

最后弯矩图由下式计算：

$$M = X_1\overline{M_1} + X_2\overline{M_2} + \cdots + X_n\overline{M_n}$$

再根据平衡条件即可求出剪力和轴力。

例题 6-9 试计算如图 6-28(a)所示刚架的内力。设刚架各杆内侧温度升高 10 ℃，外侧温度无变化；各杆线膨胀系数为 α；EI 和截面高度 h 均为常数。

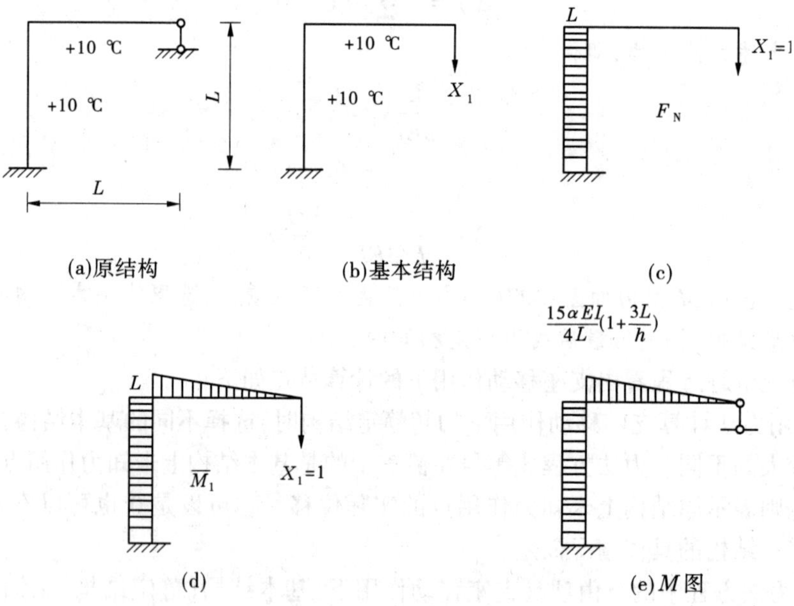

图 6-28

解：此刚架为一次超静定结构，取基本结构［见图 6-28(b)］。力法方程为

$$\delta_{11}X_1 + \Delta_{1t} = 0$$

绘出 F_N 和 $\overline{M_1}$ 图，分别如图 6-28(c)、(d)所示。求得系数和自由项如下：

$$\delta_{11} = \int\frac{\overline{M_1}^2}{EI}\mathrm{d}s = \frac{1}{EI}\left(L^2 \times L + \frac{L^2}{2} \times \frac{2}{3}L\right) = \frac{4L^3}{3EI}$$

$$\Delta_{1t} = \sum(\pm)\alpha t_0 \omega_{\bar{N}t} + \sum(\pm)\alpha\frac{\Delta t}{h}\omega_{\bar{M}t}$$

$$= -\alpha \times 5 \times L + \left[-\alpha \times \frac{10}{h}\left(L^2 + \frac{1}{2}L^2\right)\right]$$

$$= -5\alpha L\left(1 + \frac{3L}{h}\right)$$

代入力法方程，求得 $X_1 = -\frac{\Delta_{1t}}{\delta_{11}} = \frac{15\alpha EI}{4L^2}\left(1+\frac{3L}{h}\right)$。

根据 $M=X_1\overline{M}$，即可作出最后弯矩图［见图6-28(e)］。得出 M 图后，则不难据此求出相应的 F_Q 图和 F_N 图，在此不再赘述。

由以上计算结果可以看出，超静定结构由于温度变化引起的内力与各弯曲刚度 EI 的绝对值有关，这是与荷载作用下的情况有所不同的。

（三）超静定结构的特性

超静定结构与静定结构相比较，具有以下一些重要特性。

(1)在静定结构中，除荷载外，其他任何因素都不会引起内力；在超静定结构中，只要存在变形因素（如荷载作用、温度变化、支座移动、制造误差等），通常都会使其产生内力。这是因为超静定结构存在多余约束，而结构的变形受到多余约束的限制，因而往往使结构产生内力。这是超静定结构的不足之处。

(2)静定结构的内力只通过静力平衡条件即可确定，其值与结构的材料性质和截面尺寸无关；而超静定结构的内力仅仅通过静定平衡条件则无法全部确定，还必须考虑变形条件才能确定。因此，其内力与材料的性质及杆件截面尺寸有关。

(3)静定结构由于没有多余约束，若有一个约束破坏，就成为几何可变体系，因而丧失承载能力；而超静定结构由于存在多余约束，当多余约束被破坏时，结构仍为几何不变体系，因而仍具有一定承载能力。因此，与静定结构相比，超静定结构具有较强的防护突然破坏的能力，在设计防护结构时应选择超静定结构。

(4)局部荷载作用对超静定结构的影响范围比对静定结构的影响范围大。

静定结构由于没有多余约束，满足平衡的解答即为真实解答，内力分布范围小，峰值大，变形大，刚度小。

超静定结构由于存在多余约束，有多余约束力的影响，在局部荷载作用下，内力分布范围大、峰值小，且变形小、刚度大。如图6-29(a)所示的三跨连续梁，当连续梁的中跨受荷载作用时，由于梁的连续性，两边跨也产生内力，因而内力分布较均匀，变形较小；如图6-29(b)所示三跨简支梁的中跨受荷载作用时，两边跨不产生内力，因而中跨的内力和变形都比连续梁大。

项目小结

超静定结构的概念和超静定次数的确定如下：

(1)超静定结构。凡是在几何组成上为几何不变且有多余约束的结构，它的约束反力和各截面内力不能完全由静力平衡方程唯一确定。这种结构称为超静定结构或静不定

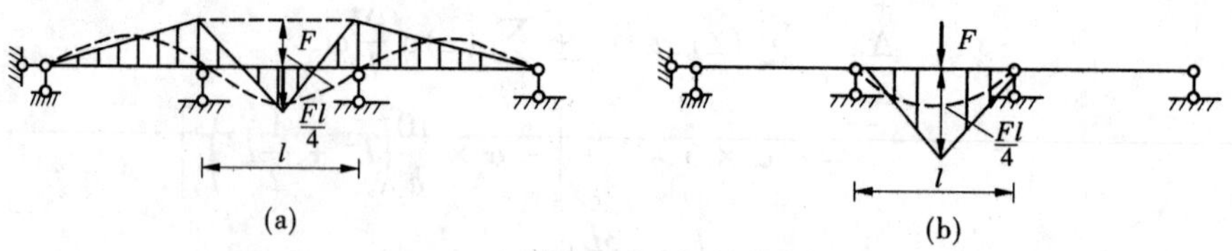

图 6-29

结构。

(2)超静定次数的确定。超静定次数就是指超静定结构中多余约束的个数,用 n 来表示。

(3)基本结构。原超静定结构解除多余约束后用未知力代替而得到的静定结构称为原结构的基本结构。

(4)力法的基本原理。一次超静定结构的力法方程为

$$\delta_{11}X_1 + \Delta_{1P} = 0$$

(5)力法的典型方程。

n 次超静定结构的力法基本方程如下:

$$\left.\begin{aligned}
\delta_{11}X_1 + \delta_{12}X_2 + \cdots + \delta_{1i}X_i + \cdots + \delta_{1n}X_n + \Delta_{1P} = 0\\
\delta_{21}X_1 + \delta_{22}X_2 + \cdots + \delta_{2i}X_i + \cdots + \delta_{2n}X_n + \Delta_{2P} = 0\\
\vdots\\
\delta_{i1}X_1 + \delta_{i2}X_2 + \cdots + \delta_{ii}X_i + \cdots + \delta_{in}X_n + \Delta_{iP} = 0\\
\vdots\\
\delta_{n1}X_1 + \delta_{n2}X_2 + \cdots + \delta_{ni}X_i + \cdots + \delta_{nn}X_n + \Delta_{nP} = 0
\end{aligned}\right\}$$

(6)力法的计算步骤如下:

①确定原结构的超静定次数,去掉原结构的多余约束,并以多余未知力代替相应多余约束的作用,从而得到基本结构。

②根据基本结构在多余未知力和荷载共同作用下,在所去掉各约束处的位移应与原结构相应位移相等的条件,建立力法的典型方程。

③计算力法方程中各系数和自由项。作出基本结构的各单位内力图和荷载内力图或写出内力表达式,然后按求位移的方法计算各系数和自由项。

④将计算出的系数和自由项代入力法典型方程,求解各多余未知力。

⑤按分析静定结构的方法,由平衡条件或叠加法求得最后内力。绘制原结构的内力图。

(7)对称性的利用。

对称结构必须满足以下两个方面:

①结构的几何形状和支承情况关于某一轴线对称。

②各杆的刚度(EI 和 EA 等)也关于此轴对称。

(8)支座移动和温度变化情况下超静定结构的计算。

①用力法计算支座移动作用下的超静定结构时,选择不同的基本结构,其力法方程可以有较大的不同。

②力法方程中的自由项是支座移动作用下,基本结构(静定结构)未知力作用点的位

移 Δ_{iC}，其计算方法应按下式进行，即

$$\Delta_{iC} = -\sum \overline{R}C$$

其正负号应以所选择的未知力 X_i 的方向为准，与 X_i 一致者为正，反之为负。

③在荷载作用下，超静定结构的内力只与杆件之间的 EI 的比值有关，而与其绝对值无关。而在支座移动作用下，其内力值与各杆 EI 的绝对值有关。

④超静定结构由于温度变化引起的内力与各弯曲刚度 EI 的绝对值有关，这与荷载作用下的情况有所不同。

(9)超静定结构的特性。

①在超静定结构中，只要存在变形因素(如荷载作用、温度变化、支座移动、制造误差等)，通常都会使其产生内力。

②超静定结构的内力仅仅通过静定平衡条件无法全部确定，还必须考虑变形条件才能确定。

③超静定结构由于存在多余约束，当多余约束被破坏时，结构仍为几何不变体系，因而仍具有一定承载能力。

④超静定结构由于存在多余约束，有多余约束力的影响，在局部荷载作用下，内力分布范围大、峰值小，且变形小、刚度大。

习 题

6-1 试判断图 6-30 所示结构的超静定次数。

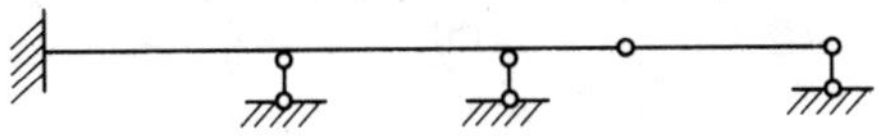

(a)

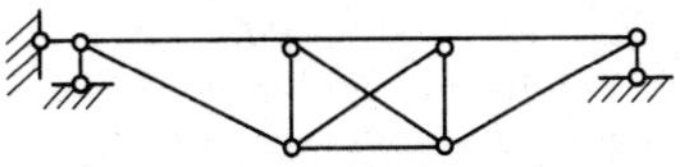

(b)

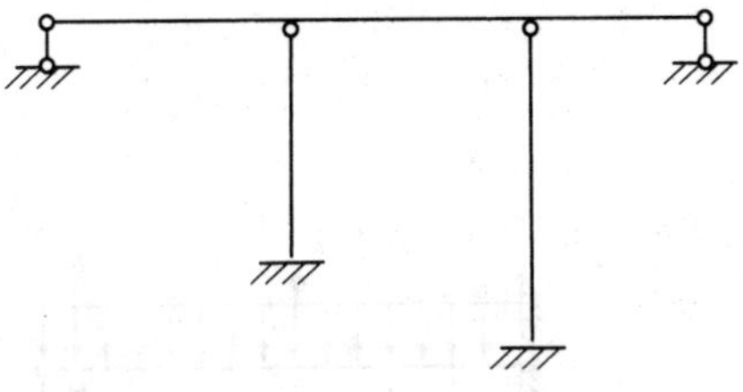

(c)

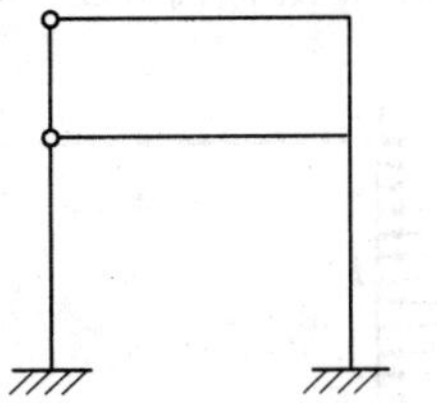

(d)

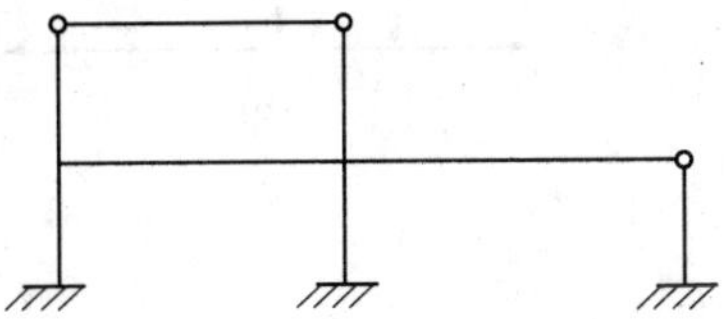

(e)

图 6-30

6-2　试用力法计算图 6-31 所示超静定梁，画弯矩图。

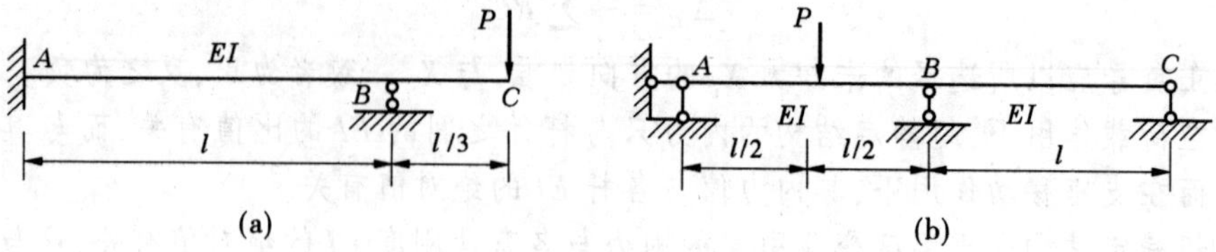

图 6-31

6-3　用力法作图 6-32 所示刚架的弯矩图。

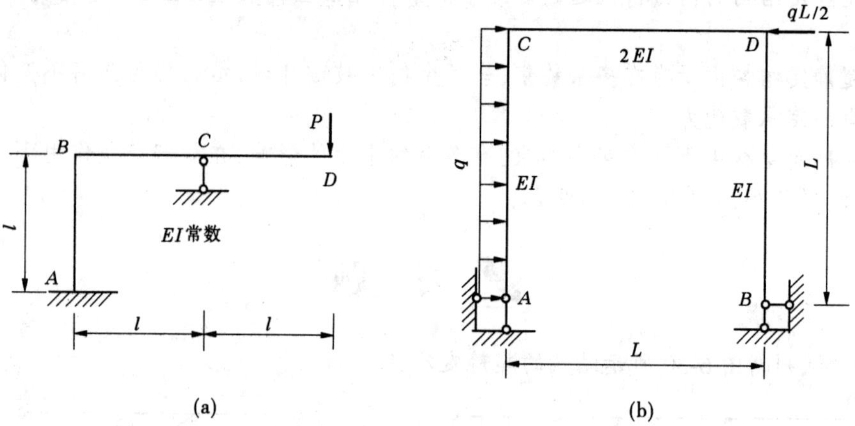

图 6-32

6-4　用力法作图 6-33 所示结构的弯矩图。

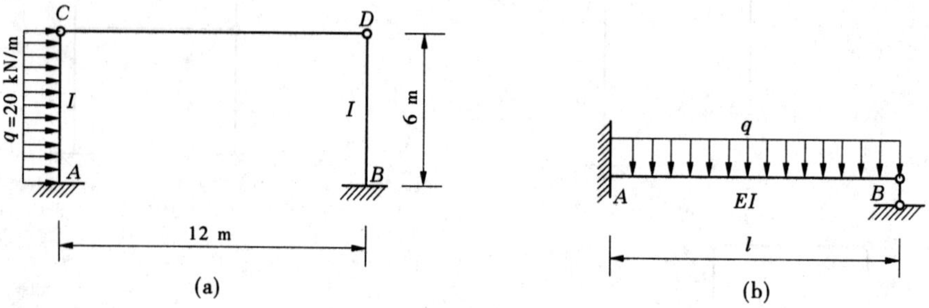

图 6-33

6-5　用力法作图 6-34 所示刚架的 M 图。

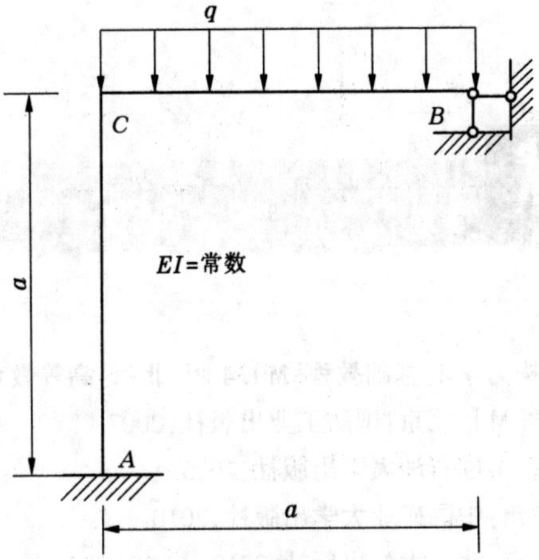

图 6-34

参考文献

[1] 龙驭球,包世华,袁驷.结构力学Ⅰ:基础教程[M].4版.北京:高等教育出版社,2018.
[2] 于仁财,刘文顺.结构力学[M].北京:国防工业出版社,2007.
[3] 贺威.结构力学[M].北京:中国石油大学出版社,2015.
[4] 吕恒林.结构力学[M].徐州:中国矿业大学出版社,2010.
[5] 边亚东.结构力学[M].北京:北京大学出版社,2012.
[6] 郭松年.结构力学[M].北京:中国水利水电出版社,2012.